装配式建筑丛书

ZHUANGPEISHI HUNNINGTU
JIEGOU SHIGONG 200WEN

装配式混凝土
结构施工200问

李长江　主编

中国电力出版社
CHINA ELECTRIC POWER PRESS

内 容 提 要

本书根据国家现行相关标准、规范，结合相关工程实践，总结了国内装配式建筑施工的经验，以问答的形式解答了装配式混凝土结构施工中常见的问题。全书共分为四章，具体包括：装配式混凝土结构基础知识、装配式混凝土结构构件生产技术、装配式混凝土结构施工技术、装配式混凝土结构施工管理。

本书可作为装配式建筑施工技术人员、装配式项目管理人员的培训教材，也可供高等院校师生参考使用。

图书在版编目（CIP）数据

装配式混凝土结构施工200问/李长江主编. —北京：中国电力出版社，2017.7

（装配式建筑丛书）

ISBN 978-7-5198-0334-6

Ⅰ.①装… Ⅱ.①李… Ⅲ.①装配式混凝土结构—混凝土施工—问题解答 Ⅳ.①TU755-44

中国版本图书馆CIP数据核字（2017）第020190号

出版发行：中国电力出版社
地　　址：北京市东城区北京站西街19号（邮政编码100005）
网　　址：http://www.cepp.sgcc.com.cn
责任编辑：未翠霞（010-63412611）
责任校对：常燕昆
装帧设计：于　音
责任印制：单　玲

印　　刷：汇鑫印务有限公司
版　　次：2017年7月第一版
印　　次：2017年7月北京第一次印刷
开　　本：850毫米×1168毫米　32开本
印　　张：7.25
字　　数：174千字
定　　价：39.80元

前　言

随着我国经济社会的飞速发展，建筑业作为国民经济的支柱产业，必须加大改革创新的力度，从根本上改变传统的、落后的生产建造方式，加快推进产业转型发展，走可持续发展的道路。

近年来，建筑产业现代化得到了各方面的高度重视和大力推动，呈现了良好的发展态势。建筑产业现代化的核心是建筑工业化，建筑工业化的重要特征是采用标准化设计、工厂化生产、装配化施工、一体化装修和全过程的信息化管理。建筑工业化是生产方式变革，是传统生产方式向现代工业化生产方式转变的过程，它不仅是房屋建设自身的生产方式变革，也是推动我国建筑业转型升级，实现国家新型城镇化发展、节能减排战略的重要举措。

发展新型建造模式，大力推广装配式建筑，是实现建筑产业转型升级的必然选择，是推动建筑业在“十三五”和今后一个时期赢得新跨越、实现新发展的重要引擎。装配式建筑可大大缩短建造工期，全面提升工程质量，在节能、节水、节材等方面效果非常显著，并且可以大幅度减少建筑垃圾和施工扬尘，更加有利于环境保护。

为推进建筑产业现代化，适应新型建筑工业化的发展要求，大力推广应用装配式建筑技术，指导企业正确掌握装配式建筑技术原理和方法，便于工程技术人员在工程实践中操作和应用，我们组织编写了本书。本书以问答的形式，总结了国内装配式建筑设计、施工等方面的经验，层次分明，通俗易懂，便于读者快速了解装配式建筑的相关知识。

本书的编写过程中，参考了大量的文献资料。为了编写方便，未能对所引用的文献资料一一注明，在此，我们向有关专家和原作者致以真诚的感谢。由于编者的水平有限，书中难免会有疏漏、不足之处，恳请广大读者批评指正。

编者

2017 年 6 月

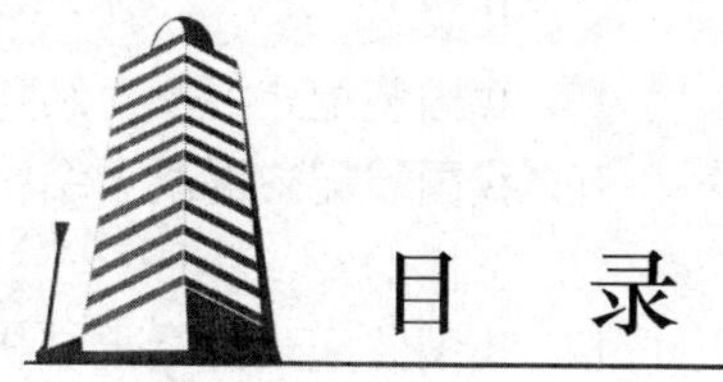

目　录

第一章　装配式混凝土结构基础知识

第一节　装配式建筑概述

1. 什么是装配式建筑?

所谓装配式建筑，是指用预制的构件在工地装配而成的建筑，如图 1-1 所示。从结构形式来说，装配式混凝土结构、钢结构、木结构都可以称为装配式建筑，是工业化建筑的重要组成部分。这种建筑的优点是建造速度快，受气候条件制约小，既可节约劳动力，又可提高建筑质量。

图 1-1　装配式建筑

2. 装配式建筑可分为哪几类?

（1）砌块建筑。所谓砌块建筑，是用预制的块状材料砌成墙体的装配式建筑，一般适用于建造3～5层的建筑，若是提高砌块强度或配置钢筋，还可适当增加层数。砌块建筑适应性强，生产工艺简单，施工简便，造价较低，还可利用地方材料和工业废料。

（2）板材建筑。板材建筑是由预制的大型内外墙板、楼板和屋面板等板材装配而成，又称大板建筑，是工业化体系建筑中全装配式建筑的主要类型。板材建筑可以减轻结构自重，提高劳动生产率，扩大建筑的使用面积，增强建筑的防震能力。

（3）盒式建筑。盒式建筑是从板材建筑的基础上发展起来的一种装配式建筑。这种建筑工厂化程度高，现场安装快。

（4）骨架板材建筑。骨架板材建筑由预制的骨架和板材组成。骨架板材建筑结构合理，可以减轻建筑物的自重，内部分隔灵活，适用于多层和高层的建筑。

（5）升板和升层建筑。升板建筑多采用无梁楼板或双向密肋楼板，楼板同柱连接节点常采用后浇柱帽或采用承重销、剪力块等无柱帽节点。一般，升板建筑柱距较大，楼板承载力也较强，多用作商场、仓库、工场和多层车库等。升层建筑是在升板建筑每层的楼板还在地面时，先安装好内外预制墙体，一起提升的建筑。升层建筑可以加快施工速度，比较适用于场地受限制的地方。

另外，按结构材料不同，装配式建筑可分为木结构、钢结构、装配式混凝土结构等。

3. 什么是预制率?

预制率是指工业化建筑室外地坪以上的主体结构与围护结构中，预制构件部分的混凝土用量占对应构件混凝土总用量的体积比。预制率是衡量主体结构和外围护结构采用预制构件的比率。只有最大限度地采用预制构件，才能充分体现工业化建筑的特点和优势。

4. 什么是装配率?

所谓装配率是指工业化建筑中预制构件、建筑部品的数量（或面积）占同类构件或部品总数量（或面积）的比率。装配率是衡量工业化建筑所采用工厂生产的建筑部品的装配化程度。最大限度地采用工厂生产的建筑部品进行装配施工，能够充分体现工业化建筑的特点和优势。

5. 发达国家和地区装配式混凝土建筑的发展历程是怎样的?

发达国家和地区装配式混凝土住宅的发展大致经历了三个阶段：第一阶段是装配式混凝土建筑形成的初期阶段，重点建立装配式混凝土建筑生产（建造）体系；第二阶段是装配式混凝土建筑的发展期，逐步提高产品（住宅）的质量和性价比；第三阶段是装配式混凝土建筑发展的成熟期，进一步降低住宅的物耗和环境负荷，发展资源循环型住宅。

6. 与传统建筑相比，装配式建筑的优势表现在哪些方面?

（1）保证工程质量。传统的现场施工由于工人素质参差不齐，质量事故时有发生。而装配式建筑构件在预制工厂生产，生产过程中可对温度、湿度等条件进行控制，构件的质量更容易得到保证。

（2）降低安全隐患。传统施工大部分是露天作业、高空作业，存在极大的安全隐患。装配式建筑的构件运输到现场后，由专业安装队伍严格遵循流程进行装配，大大提高了工程质量，并降低了安全隐患。

（3）提高生产效率。装配式建筑的构件由预制工厂采用钢模批量生产，减少脚手架和模板数量，因此生产成本相对较低，尤其是生产形式较复杂的构件时，优势更为明显；同时，省掉了相应的施工流程，大大提高了时间利用率。

（4）降低人力成本。目前，我国建筑行业劳动力不足、技术人员缺乏、工人整体年龄偏大、成本攀升，导致传统施工方式难以为继。装配式建筑由于采用预制工厂施工，现场装配施工，机械化程度高，现场施工及管理人员数量减少至原来的近1/10，节省了可观的人工费，提高了劳动生产率。

（5）节能环保，减少污染。装配式建筑循环经济特征显著，由于采用的钢模板可循环使用，节省了大量脚手架和模板作业，节约了木材资源。此外，由于构件在工厂生产，现场湿作业少，大大减少了噪声和烟尘，对环境影响较小。

（6）模数化设计，延长建筑寿命。装配式建筑进行建筑设计时，首先对户型进行优选，在选定户型的基础上进行模数化设计和生产。这种设计方式大大提高生产效率，对大规模标准化建设尤为适合。此外，由于采用灵活的结构形式，住宅内部空间可进一步改造，延长了住宅使用寿命。

7. 装配式建筑的局限性表现在哪些方面?

（1）因目前国内相关设计、验收规范等严重滞后于施工技术的发展，装配式建筑在建筑物总高度及层高上均有较大的限制。

（2）建筑物内预埋件、螺栓等使用量有较大增加。

（3）构件工厂化生产因模具限制及运输（水平垂直）限制，构件尺寸不能过大。

（4）对现场垂直运输机械要求较高，需使用较大型的吊装机械。

（5）构件采用工厂预制，预制厂距离施工现场不能过远。

8. 装配式建筑的未来发展和重点研究方向表现在哪些方面?

（1）预制构件的模数化和标准化研究。模数化和标准化的研究主要包含两个方向：一是要对全产业链资源进行整合，全产业内推行模数协调；二是要实现统一价值导向，建立技术标准。

住宅模数协调准则是建设者、施工方、设计者在装配式建筑的建设中共同遵循的统一准则，是建筑标准化的依据，因此要大力推行住宅模数协调准则研究，要加强构配件尺寸与建筑的配合、协调、定位。

（2）装配式建筑抗震性能研究。与传统建筑相比，装配式建筑抗震的研究仍较少。

目前，国内装配式建筑抗震研究的重点在节点，装配式建筑节点的抗震性能与现浇节点存在差异，其力学特性对建筑整体抗震性能影响较大，因此对装配式建筑节点抗震性能仍需进一步研究。同时，要加强各类型装配式建筑的整体抗震性能研究，应及时依据最新且成熟的装配式建筑抗震性能研究成果，对现有预制混凝土结构体系的设计规范及设计条文及时更新。

（3）基于 BIM 的一体化项目实施（IPD）应用研究。所谓的 IPD，就是通过协作平台，对体系、人力、实践和企业结构进行整合，充分利用所有参与方的见解和才能，通过设计、建造以及运营各阶段的共同努力，使建设项目达到最大效益，减少不必要的浪费。

IPD 模式贯穿项目建设的全部阶段，包括规划设计阶段和施工建造阶段，施工单位、建设单位、设计院等各方高度协调合作，保证项目目标的顺利实现。IPD 模式适用于大规模项目，有利于项目成本的节约。因此，尽管当前建设项目的交付模式种类繁多，IPD 却已经在行业内得到大力推广。

当前，国外实践 IPD 与 BIM 协同管理的项目越来越多。

利用BIM软件建立的建筑模型可视性强，交互性高，数字化程度高，同时具备开放的数据标准，有利于信息及数据的共享。在IPD模式下的项目，BIM的应用主要集中于设计协同、可视化、估价、施工重难点模拟、碰撞检测、设备管理、场地分析等方面。

目前，由于受国内建筑发展模式的制约，建筑业在IPD模式下缺乏相关法律体系及合同范本，应用环境也还处于培养期，BIM技术全面推广还有待政府和企业的努力。

9. 装配式建筑涉及的标准、规范有哪些?

（1）《装配式混凝土结构技术规程》（JGJ 1—2014）。

（2）《混凝土结构工程施工规范》（GB 50666—2011）。

（3）《混凝土结构工程施工质量验收规范》（GB 50204—2015）。

（4）《预制预应力混凝土装配整体式框架结构技术规程》（JGJ 224—2010）。

（5）《工业化建筑评价标准》（GB/T 51129—2015）。

（6）《建筑模数协调标准》（GB/T 50002—2013）。

（7）《建筑结构荷载规范》（GB 50009—2012）。

（8）《混凝土结构设计规范》（GB 50010—2010）（2015年版）。

（9）《建筑装饰装修工程质量验收规范》（GB 50210—2001）。

（10）《无障碍设施施工验收及维护规范》（GB 50642—2011）。

（11）《建筑设计防火规范》（GB 50016—2014）。

（12）《建筑抗震设计规范》（GB 50011—2010）（2016年局部修订）。

（13）《钢结构设计规范》（GB 50017—2003）

（14）《钢筋焊接及验收规程》（JGJ 18—2012）。

（15）《钢筋套筒灌浆连接应用技术规程》（JGJ 355—

2015）。

（16）《钢筋机械连接技术规程》（JGJ 107—2016）。

10. 装配式建筑中常见的术语有哪些？

（1）工业化建筑。工业化建筑是指采用标准化设计、工厂化生产、装配化施工、一体化装修和信息化管理等为主要特征的工业化生产方式建造的建筑。

（2）预制混凝土构件。预制混凝土构件是指在工厂或现场预先制作的混凝土构件，简称预制构件。

（3）建筑部品。建筑部品是指工业化生产、现场安装的具有建筑使用功能的建筑产品，通常由多个建筑构件或产品组合而成。

（4）装配式混凝土结构。装配式混凝土结构是由预制混凝土构件通过可靠的连接方式装配而成的混凝土结构，包括装配整体式混凝土结构、全装配混凝土结构等。

（5）装配整体式混凝土结构。装配整体式混凝土结构是指由预制混凝土构件通过可靠的方式进行连接并于现场后浇混凝土、水泥基灌浆料现场整体的装配式混凝土结构，简称装配整体式结构。

（6）装配整体式混凝土框架结构。装配整体式混凝土框架结构是指全部或部分框架梁、柱采用预制构件构建成的装配整体式混凝土结构，简称装配整体式框架结构。

（7）装配整体式混凝土剪力墙结构。全部或部分剪力墙采用预制墙板构建成的装配整体式混凝土结构，简称装配整体式剪力墙结构。

（8）预制混凝土夹心保温外墙板。预制混凝土夹心保温外墙板是指中间有保温层的预制混凝土外墙板，简称夹心外墙板。

（9）预制外墙挂板。预制外墙挂板是指安装在主体结构上，起围护、装饰作用的非承重预制混凝土外墙板，简称外挂

墙板。

(10) 叠合构件。叠合构件是指由预制混凝土构件（或既有混凝土结构构件）和后浇混凝土组成，以两阶段成形的整体受力结构构件。

(11) 叠合层。叠合层是指在预制底板上部配筋并浇筑混凝土的楼板现浇层。

(12) 键槽。键槽是指预制构件混凝土表面规则且连续的凹凸构造，可实现预制构件和后浇筑混凝土的共同受力作用。

(13) 钢筋套筒灌浆连接。钢筋套筒灌浆连接是在金属套筒中插入单根带肋钢筋并注入灌浆料拌和物，通过拌和物硬化形成整体并实现传力的钢筋对接连接，简称套筒灌浆连接。

(14) 钢筋浆锚搭接连接。钢筋浆锚搭接连接是在预制混凝土构件中预留孔道，在孔道中插入需搭接的钢筋，并灌注水泥基灌浆料而实现的钢筋搭接连接方式。

(15) 钢筋连接用灌浆套筒。钢筋连接用灌浆套筒是采用铸造工艺或机械加工工艺制造，用于钢筋套筒灌浆连接的金属套筒，简称灌浆套筒。灌浆套筒分为：全灌浆套筒和半灌浆套筒。全灌浆套筒是两端均采用套筒灌浆连接的灌浆套筒。半灌浆套筒是一端采用套筒灌浆连接，另一端采用机械连接方式连接钢筋的灌浆套筒。

(16) 钢筋连接用套筒灌浆料。钢筋连接用套筒灌浆料是以水泥为基本材料，并配以细骨料、外加剂及其他材料混合而成的用于钢筋套筒灌浆连接的干混料，简称灌浆料。

(17) 灌浆料拌和物。灌浆料拌和物是指灌浆料按规定比例加水搅拌后，具有规定流动性、早强、高强及硬化后微膨胀等性能的浆体。

(18) 水泥基灌浆材料。水泥基灌浆材料由水泥、骨料、外加剂和矿物掺和料等原材料在专业化工厂按比例计量混合而成，在使用地点按规定比例加水或配套组分拌和，用于螺栓锚固、结构加固、预应力孔道等灌浆的材料。

（19）灌浆孔。灌浆孔是指用于加注水泥基灌浆料的入料口，通常为光孔或螺纹孔。

（20）排浆孔。排浆孔是指用于加注水泥基灌浆料时通气并将注满后的多余灌浆料溢出的排料口，通常为光孔或螺纹孔。

（21）混凝土粗糙面。混凝土粗糙面是指预制构件结合面上凹凸不平或骨料显露的表面，简称粗糙面。

（22）进场验收。进场验收是指对进入施工现场的材料、构配件、器具及半成品等，按有关标准的要求进行检验，并对其质量达到合格与否做出确认的过程，进场验收主要包括外观检查、质量证明文件检查、抽样检查等。

第二节　装配式混凝土结构建筑概述

11. 装配式混凝土结构建筑使用的材料主要有哪些？

装配式混凝土结构建筑中所使用的主要材料包括钢筋、型钢、混凝土、连接材料及其他材料等。

（1）钢筋。在装配式混凝土结构建筑中，钢筋主要是指钢筋混凝土用和预应力钢筋混凝土用的钢材，包括光圆钢筋和带肋钢筋。

（2）型钢。型钢是一种有一定截面形状和尺寸的条形钢材。按照其冶炼质量不同，型钢可分为喷头型钢和优质型钢。普通型钢按照其断面形状可分为工字钢、槽钢、角钢和圆钢等。型钢可在工厂直接热轧而成，或者采用钢板切割、焊接而成。

（3）混凝土。混凝土是由胶凝材料、骨料和水按适当的比例配合、拌和制成的混合物，经一定时间硬化而成的人造石材。在装配式混凝土结构中，混凝土主要用于制作预制混凝土构件和现场后浇。

（4）连接材料。装配式混凝土结构建筑中常用的连接材料主要有钢筋连接用灌浆套筒、钢筋连接用灌浆套筒灌浆料。

1）钢筋连接用灌浆套筒是通过水泥基灌浆料的传力作用将钢筋对接连接所用的金属套筒，通常采用铸造工艺或机械加工工艺制造，包括全灌浆套筒和半灌浆两种形式。

2）钢筋连接用灌浆套筒灌浆料是以水泥为基本原料，配以适当的细骨料，以及混凝土外加剂和其他材料组成的干混料，加水搅拌后具有良好的流动性、早强、高强、微膨胀等性能，填充于套筒和带肋钢筋间隙内。

（5）其他材料。

1）保温材料。夹心外墙板宜采用EPS板或XPS板等作为保温材料，保温材料除应符合设计要求，尚应符合现行国家和地方标准的要求。

2）预制夹心保温墙体用连接件。预制夹心保温墙板中的连接件宜采用拉挤玻璃纤维（FRP）连接件和不锈钢连接件，供应商应提供明确的材料性能和连接性能技术指标要求。当有可靠依据时，也可采用其他类型连接件。

3）预制混凝土构件预埋件及门窗框。预埋件的材料、品种应按照预制构件制作图的要求进行制作，并准确定位。预埋件的设置及检测应满足设计及施工要求。预埋件应按照不同材料、不同品种、不同规格分类存放并标识。

4）外装饰材料。当采用石材饰面时应进行防返碱处理，厚度25mm以上的石材宜使用卡件连接。

12. 装配式混凝土结构建筑常见的主要构件有哪些？

装配式混凝土结构建筑的主要构件包括柱、梁、楼面板、剪力墙、楼梯、阳台、女儿墙等。

（1）预制混凝土柱。预制混凝土柱按照其制造工艺不同，可分为预制混凝土实心柱和预制混凝土矩形柱壳，如图 1-2、图 1-3 所示。

图 1-2　预制混凝土实心柱

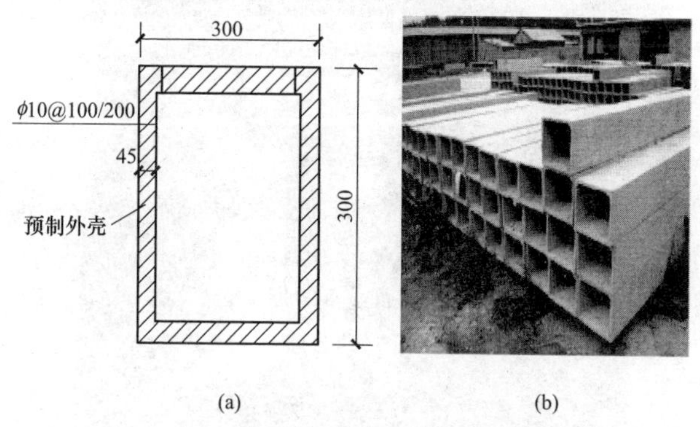

图 1-3　预制混凝土矩形柱壳

（a）外壳尺寸；（b）外壳实物

预制混凝土柱的外观多种多样，包括矩形、圆形和工字形等。在满足运输和安装要求的前提下，预制柱的长度可达到 12m 或更长。

（2）预制混凝土梁。预制混凝土梁根据制造工艺不同，可分为预制实心梁、预制叠合梁两类，按是否采用预应力划分，可分为预制预应力混凝土梁和预制非预应力混凝土梁。预制实心梁、预制叠合梁如图 1-4、图 1-5 所示。

图 1-4 预制实心梁

图 1-5 预制叠合梁

预制实心梁制作简单，构件自重较大，多用于厂房和多层建筑中。预制叠合梁便于预制柱和叠合楼板连接，整体性较强，运用广泛。预制梁壳通常用于梁截面较大或起吊质量受到限制的情况，优点是便于现场钢筋的绑扎，缺点是预制工艺较复杂。

预制预应力混凝土梁集合了预应力技术节省钢筋、易于安装的优点，生产效率高、施工速度快，在大跨度全预制多层框架结构厂房中具有良好的经济性。

（3）预制混凝土楼面板。预制混凝土楼面板按照制造工艺不同，可分为预制混凝土叠合板、预制混凝土实心板、预制混凝土空心板、预制混凝土双 T 板等。

最常见的预制混凝土叠合板主要有两种：一种是桁架钢筋混凝土叠合板；另一种是预制带肋底板混凝土叠合楼板。桁架钢筋混凝土叠合板属于半预制构件，下部为预制混凝土板，外露部分为桁架钢筋，如图 1-6 所示。预制混凝土叠合板的预制部分厚度通常为 60mm，叠合楼板在工地安装到位后要进行二次浇筑，从而成为整体实心楼板。桁架钢筋的主要作用是将后浇筑的混凝土层与预制底板形成整体，并在制作和安装过程中提供刚度。伸出预制混凝土层的桁架钢筋和粗糙的混凝土表面保证了叠合楼板预制部分与现浇部分能有效结合成整体。预制带肋底板混凝土叠合楼板是一种预应力带肋混凝土叠合楼板，如图 1-7 所示。

图 1-6　桁架钢筋混凝土叠合板

预制混凝土实心板的连接设计根据抗震构造等级的不同而有所不同。

预制混凝土空心板制作较为简单。预制混凝土空心板、预制混凝土双 T 板通常适用于较大的跨度的多层建筑。预应力双 T 板

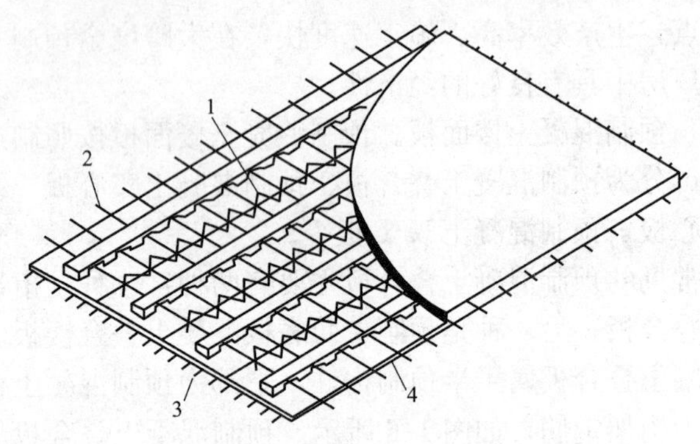

图 1-7　预制带肋底板混凝土叠合板

1—纵向预应力钢筋；2—横向穿孔钢筋；
3—后浇层；4—PK 叠合板的预制底板

跨度可达 20m 以上，若是采用高强轻质混凝土则可达 30m 以上。

（4）预制混凝土剪力墙。预制混凝土剪力墙根据受力性能角度不同，可分为预制实心剪力墙和预制叠合剪力墙。

预制实心剪力墙是指将混凝土剪力墙在工厂预制成实心构件，并在现场通过预留钢筋与主体结构相连接，如图 1-8 所示。随着灌浆套筒在预制剪力墙中的使用，预制实心剪力墙的使用越来越广泛。

图 1-8　预制实心剪力墙

预制混凝土夹心保温剪力墙是一种结构保温一体化的预制实心剪力墙，由外叶、内叶和中间层三部分组成。内叶是预制混凝土实心剪力墙，中间层为保温隔热层，外叶为保温隔热层的保护层。保温隔热层与内外叶之间采用拉结件连接。拉结件可以采用玻璃纤维钢筋或不锈钢拉结件。预制混凝土夹心保温剪力墙通常作为建筑物的承重外墙，如图 1-9 所示。

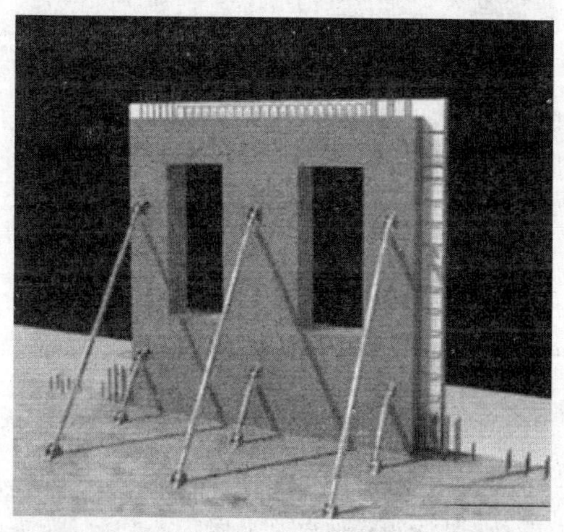

图 1-9　预制混凝土夹心保温剪力墙

预制叠合剪力墙是指一侧或两侧均为预制混凝土墙板，在另一侧或中间部位现浇混凝土从而形成共同受力的剪力墙结构，如图 1-10 所示。预制叠合剪力墙结构具有制作简单、施工方便等优势。

（5）预制混凝土阳台。预制混凝土阳台一般包括预制实心阳台和预制叠合阳台，如图 1-11 所示。预制阳台板能够克服现浇阳台的缺点，解决了阳台支模复杂、现场高空作业费时费力的问题。

（6）预制混凝土空调板。预制混凝土空调板通常采用预制混凝土实心板，板侧预留钢筋与主体结构相连，预制空调板通

图 1-10 预制叠合剪力墙

图 1-11 预制实心阳台

常与外墙板相连，如图 1-12 所示。

（7）预制混凝土女儿墙。女儿墙处于屋顶处外墙的延伸部位，通常有立面造型，采用预制混凝土女儿墙的优势是能快速安装，节省工期并提高耐久性。女儿墙可以是单独的预制构件，也可以是顶层的墙板向上延伸，顶层外墙与女儿墙预制为一个构件。预制混凝土女儿墙如图 1-13 所示。

图 1-12　预制混凝土空调板

图 1-13　预制混凝土女儿墙

13. 装配式混凝土结构建筑中常见的外围护墙可分为哪几类?

外围护墙用以抵御风雨、温度变化、太阳辐射等，应具有保温、隔热、隔声、防水、防潮、耐火、耐久等性能。

预制混凝土外围护墙板是指预制商品混凝土外墙构件，包括预制混凝土叠合（夹心）墙板、预制混凝土夹心保温外墙板和预制混凝土外墙挂板。外墙板除应具有隔声与防火的功能外，还应具有隔热保温、抗渗、抗冻融、防碳化等作用和满足建筑艺术装饰的要求，外墙板可用轻集料单一材料制成，也可采用复合材料（结构层、保温隔热层和饰面层）制成。

根据制作结构不同，预制外墙结构分为预制混凝土夹心保温外墙板和预制混凝土外墙挂板。

（1）预制混凝土夹心保温外墙板。预制混凝土夹心保温外墙板是集承重、围护、保温、防水、防火等功能于一体的重要装配式预制构件，由内叶墙板、保温材料、外叶墙板三部分组成，如图 1-14 所示。

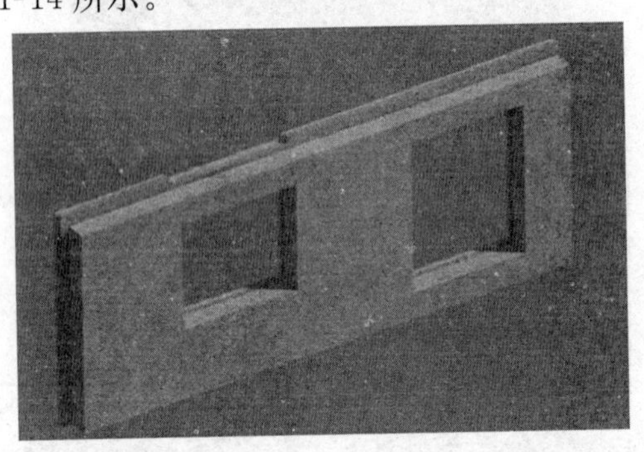

图 1-14　预制混凝土夹心保温外墙板构造

夹心保温外墙板宜采用平模工艺生产，生产时应先浇筑外叶墙板混凝土层，再安装保温材料和拉结件，最后浇筑内叶墙板混凝土，可以使保温材料与结构同寿命。

（2）预制混凝土外墙挂板。预制混凝土外墙挂板通常在预制车间加工后，运输到施工现场进行吊装。这种钢筋混凝土外墙板，一般在板底设置预埋铁件，通过与楼板上的预埋螺栓连接使底部与楼板固定，再通过连接件使顶部与楼板固定，如图 1-15 所示。

混凝土外墙挂板具有防腐蚀、耐高温、抗老化、无辐射、防火、防虫、不变形等基本性能，同时还要求造型美观、施工

图 1-15　预制混凝土外墙挂板结构

简便、环保节能等。其在生产过程中一般采用工业化生产，施工速度快、质量好、费用低。

预制混凝土外围护墙板采用工厂化生产，现场进行安装的施工方法，具有施工周期短、质量可靠（对防止裂缝、渗漏等质量通病十分有效）、节能环保（耗材少，减少扬尘和噪声等）、工业化程度高及劳动力投入量少等优点，在国内外的住宅建筑上得到了广泛运用。

14. 装配式混凝土结构建筑中常见的内隔墙可分为哪几类？

内隔墙起分隔室内空间作用，应具有隔声、隔视线以及某些特殊要求的功能。

预制内隔墙板按成形方式，分为挤压成形墙板和立（或平）模浇筑成形墙板两种。

（1）挤压成形墙板。挤压成形墙板，也称预制条形内墙板，是在预制工厂使用挤压成形机将轻质材料搅拌均匀的料浆通过进入模板（模腔）成形的墙板，如图 1-16 所示。

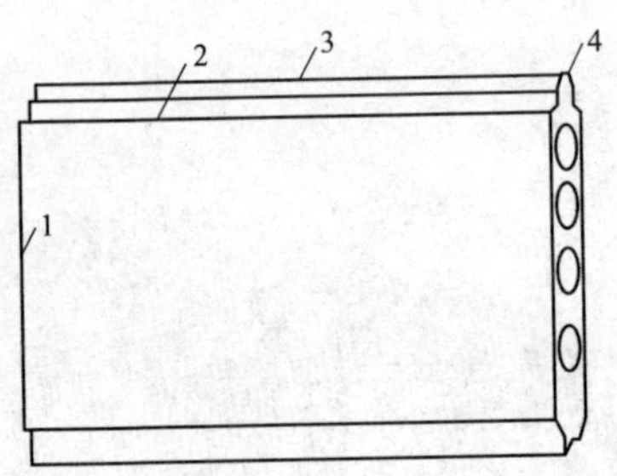

图 1-16　挤压成形墙板（空心）结构

1—板端；2—板边；3—接缝槽；4—榫头

挤压成形墙板按断面不同，可分为空心板和实心板两类。在保证墙板承载和抗剪的前提下，可以将墙体断面做成空心，这样可以有效降低墙体的质量，并通过墙体空心处空气的特性提高隔断房间内保温、隔声效果；门边板端部为实心板，实心宽度不得小于 100mm。

没有门洞口的墙体，应从墙体一端开始沿墙长方向顺序排板；有门洞口的墙体，应从门洞口开始分别向两边排板。当墙体端部的墙板不足一块板宽时，应设计补空板。

（2）立（或平）模浇筑成形墙板。立（或平）模浇筑成形墙板，也称预制混凝土整体内墙板，是在预制车间按照所需样式使用钢模具拼接成形，浇筑或摊铺混凝土制成的墙体。

根据受力不同，内墙板使用单种材料或者多种材料加工而成。用聚苯乙烯泡沫板材、聚氨酯泡沫塑料、无机墙体保温隔热材料等轻质材料填充到墙体之中，可以减少混凝土用量，绿色环保，减少室内热量与外界的交换，增强墙体的隔声效果，并通过墙体自重的减轻而降低运输和吊装的成本。

15. 我国装配式混凝土结构体系的应用现状是怎样的?

在我国，目前应用最多的装配式混凝土结构体系是装配整体式混凝土剪力墙结构、装配整体式混凝土框架结构和装配整体式混凝土框架-剪力墙结构。

（1）装配整体式混凝土剪力墙结构。新型的装配式混凝土建筑发展是从装配式混凝土住宅开始的，剪力墙结构无梁，柱外露。近些年来装配整体式混凝土剪力墙结构住宅在国内发展迅速，得到大量的应用。目前国内已经有大量工程实践，主要做法有以下三种。

1）部分或全部预制剪力墙承重体系：通过竖缝节点区后浇混凝土和水平缝节点区后浇混凝土带或圈梁实现结构的整体连接；竖向受力钢筋采用套筒灌浆、浆锚搭接等连接技术进行连接。北方地区外墙板一般采用夹心保温墙板，它由内叶墙板、夹心保温层、外叶墙板三部分组成，内叶墙板和外叶墙板之间通过拉结件连系，可实现外装修、保温、承重一体化。这种做法可用于高层剪力墙结构。

2）叠合式剪力墙：将剪力墙从厚度方向划分为三层，内外两层预制，通过桁架钢筋连接，中间现浇混凝土；墙板竖向分布钢筋和水平分布钢筋通过附加钢筋实现间接搭接。

3）预制剪力墙外墙模板：剪力墙外墙通过预制的混凝土外墙模板和现浇部分形成，其中预制外墙模板设桁架钢筋与现浇部分连接，可部分参与结构受力。

（2）装配整体式混凝土框架结构。柱竖向受力钢筋采用套筒灌浆技术进行连接，主要做法分为两种：一是节点区域预制（或梁柱节点区域和周边部分构件一并预制），这种做法将框架结构施工中最为复杂的节点部分在工厂进行预制，避免了节点区各个方向钢筋交叉避让的问题，但要求预制构件精度较高，且预制构件尺寸比较大，运输比较困难；二是梁、柱各自预制为线性构件，节点区域现浇，这种做法预制构件非常规整，但节点区域钢筋相互交叉现象比较严重，这也是该种做法需要考虑的最为关键的环节。

（3）装配整体式混凝土框架-剪力墙结构。鉴于对装配式框架-剪力墙结构所做的试验研究工作还较少，《装配式混凝土结构技术规程》（JGJ 1—2014）仅限于使用框架预制、剪力墙现浇的做法。目前，国内正在进行装配整体式预制框架-预制剪力墙结构体系的研究。

16. 我国装配式混凝土结构建筑模数的应用现状是怎样的?

长期以来，建筑业的粗放式发展也造成标准化设计思维的严重缺失，目前也有很多建筑设计人员正在探索利用模数协调原则整合开间、进深尺寸，将功能空间做成模块，从而践行少规格、多组合的设计原则；并且利用少数的基本单元，通过组合形成多样化的建筑平面；通过外墙材料、色彩、纹理的变化，实现建筑立面的多样化。同时，将建筑的各种构件、配件、部品和构造连接技术实行标准化、互换通用，实现建筑通用体系，从而实现建筑的装配式建造方式。

国内目前装配式住宅的建设主要采用的是建筑专用体系，即仅在一个企业内部或某一个工程项目（如地方政府公租房）中实现一定程度的标准化，以提高模板重复使用率，降低造价。

目前，随着装配式建筑的增多，通过总结经验，已对装配式混凝土建筑设计应进行建筑模数统一协调的问题引起重视。只有设计、生产、安装一体化，做到主体结构与建筑部品中间之间、部品与部品之间的模数协调，才能实现建筑的装配化。

17. 我国装配式混凝土结构建筑连接技术的应用现状是怎样的?

装配式混凝土结构通过构件与构件、构件与后浇混凝土、构件与现浇混凝土等关键部位的连接保证结构的整体受力性能，连接技术的选择是设计中最为关键的环节。目前，由于我国主要采用等同现浇的设计概念，高层建筑基本上采用装配整体式混凝土结构，即预制构件之间通过可靠的连接方式，与现场后浇混凝土、水泥基灌浆料等形成整体的装配式混凝土结构。竖向受力钢筋的连接方式主要有钢筋套筒灌浆连接、浆锚搭接连接；现浇混凝土结构中的搭接、焊接、机械连接等钢筋连接技术，在施工条件允许的情况下也可以使用。

钢筋套筒灌浆连接由金属套筒插入钢筋，并灌注高强、早强、可微膨胀的水泥基灌浆料，通过刚度很大的套筒对可微膨胀灌浆料的约束作用，在钢筋表面和套筒内侧间产生正向作用力，钢筋借助该正向力在其粗糙的、带肋的表面产生摩擦力，从而实现受力钢筋之间应力的传递。套筒可以分为全灌浆套筒和半灌浆套筒两种形式。钢筋套筒灌浆连接技术在欧美、日本等国家的应用，已有 40 多年的历史，经历了大地震的考验，编制有成熟的标准，得到普遍的应用。国内也已有大量的试验数据支持，主要用于柱、剪力墙等竖向构件中。

钢筋浆锚连接是在预制构件中预留孔洞，受力钢筋分别在孔洞内外通过间接搭接实现钢筋间应力的传递。此项技术的关键在于孔洞的成形方式、灌浆的质量以及对搭接钢筋的约束等各个方面。目前，主要包括约束浆锚搭接连接和金属波纹管搭接连接两种方式，主要用于剪力墙竖向分布钢筋的连接。

除以上这两种主要连接技术外，国内也在研发相关的干式连接做法，比如通过型钢进行构件之间连接的技术，用于低多层的各类预埋件连接技术等。

18. 我国预制构件生产技术应用的现状是怎样的?

随着装配式混凝土结构的大量应用，各地预制构件生产企业在逐步增加，其生产技术也得到了应用。

新型的装配式建筑对预制构件的要求相对较高，主要表现为：一是构件尺寸及各类预埋预留定位尺寸精度要求高；二是外观质量要求高；三是集成化程度高等。这些都要求生产企业在工厂化生产构件技术方面有更高的水平。

在生产线方面有固定台座或定型模具的生产方式，也有机械化、自动化程度较高的流水线生产方式，在生产应用中针对各种构件的特点各有优势。为追求建筑立面效果以及构件美观，清水混凝土预制技术、饰面层反打技术、彩色混凝土等相关技术也得到很好的应用。其他如脱模剂、露骨料缓凝剂等诸多生产技术也多在不断发展，并有长足的进步。

19. 我国装配式混凝土结构建筑施工技术的应用现状是怎样的？

装配式混凝土结构与现浇混凝土结构是两种截然不同的施工方法。由于部分构件在工厂预制，并在现场通过后浇段或钢筋连接技术装配成整体，施工现场的模板工程、混凝土工程、钢筋工程大幅度减少，而预制构件的运输、吊运、安装、支撑等成为施工中的关键。多年以来，现浇混凝土施工已经成为我国建筑业最为主要的生产方式，劳动工人也多为农民工，技术含量低，并缺乏相应的培训。因此目前装配式混凝土结构施工中最大的问题是技术工人缺乏，施工单位的施工组织计划还未能适应生产方式而有较大变化，因此，许多装配式混凝土结构的施工现场仍然处于粗放生产的状况，精细程度不足，质量不能得到保障。这一情况必须加以扭转。

国家标准《混凝土结构工程施工规范》（GB 50666—2011）及行业标准《装配式混凝土结构技术规程》（JGJ 1—2014）都提及了装配式混凝土结构的施工。随着装配式混凝土结构施工的进步，此方面的内容还需尽快完善和补充。

施工工序在装配式混凝土结构的施工中非常重要。国内对这方面的要求还不够严格，一是前期的设计或是深化设计并未能够全面考虑施工操作的流程；二是现场工人对以安装到位为原则的施工方法还缺乏工序控制的思维。

第三节　装配式混凝土结构建筑施工中常用工具

20. 常用的塔式起重机的特点和分类是怎样的?

塔式起重机是一种具有竖立塔身、吊臂装在塔身顶部的转臂起重机，如图 1-17 所示。由于吊臂装于塔身顶部，形成 T 形工作空间，因而有较大的工作范围和起升高度，其利用幅度比其他起重机高，一般可达全幅度的 80%，而普通轮式和履带式起重机则不超过 50%，塔式起重机主要用于物料的垂直和水平运输及建筑构件的安装。

图 1-17　塔式起重机

（1）塔式起重机的特点。

1）工作时一般的起重高度为 40～60m，有时可达到 100～160m。

2）工作半径大，塔式起重机要进行旋转作业，活动范围大，一般要在20～80m的旋转半径范围内吊动重物。

3）应用范围广，塔式起重机能吊装框架和围护结构的结构件还能吊装和运输其他建筑材料等。

4）塔式起重机多为电力操纵，具有多种工作速度，不仅能使繁重的吊、运、装卸工作实现机械化，而且动作平稳，较为安全、可靠。

5）具有多种作业性能，特别有利于采用多层分段安装作业施工方法。起重构件时，一般不会与已安装好的构件或砌筑物相碰，能充分利用现场构件堆放，容易有条理，且比较灵活，还可兼卸进场运送的货物。

6）塔式起重机在一个施工地点使用时间一般较长，在某一工程结束后需要拆除、转移、搬运，再在新的施工点安装，比一般施工机械麻烦，因而要求也严格，并需敷设行走轨道。

（2）塔式起重机的分类。塔式起重机的分类、特点见表1-1。

表1-1　　塔式起重机的分类、特点

类型		特点
按行走机构分类	固定式（自升式）	没有行走装置，起重机固定在基础上，塔身随着建筑物的升高而自行升高
	移动式（轨道式）	起重机安装在轨道基础上，在轨道上行走，可靠近建筑物，灵活机动，使用方便
按爬升部位分类	内部爬升式	起重机安装在建筑物内部（如电梯井、楼梯间），依靠一套托架和提升系统随建筑物升高而升高
	外部附着式	起重机安装在建筑物一侧，底座固定在基础上，塔身几道附着装置与建筑物固定
按起重臂变幅方法分类	俯卧变幅起重臂	起重臂与塔身铰接，变幅时可调整起重臂的仰角，负荷随起重臂一起升降
	小车变幅起重臂	起重臂固定在水平位，下弦装有起重小车，依靠调整起重小车的距离来改变起重机的幅度，这种变幅装置操作方便，速度快，并能接近机身，还能带负荷变幅

续表

类型		特点
按回转方式分类	上回转塔式起重机	塔身固定，塔顶上安装起重臂及平衡臂，能做360°回转，可简化塔身与门架的连接，结构简单，安装方便，但重心提高，须增加中心压重
	下回转塔式起重机	塔身与起重臂同时回转，回转机构在塔身下部，所有传动机构都装在下部，重心低，稳定性好，但回转机构较复杂
按起重量分类	轻型塔式起重机	起重量为0.5～3t
	中型塔式起重机	起重量为3～15t
	重型塔式起重机	起重量为20～40t

21. 塔式起重机在选择时应注意什么?

（1）塔式起重机选型首先取决于装配式混凝土结构的工程规模，如小型多层装配式混凝土结构工程，可选择小型的经济型塔式起重机，高层建筑的塔式起重机选择，宜选择与之相匹配的起重机械，因垂直运输能力直接决定结构施工速度的快慢，要对不同塔式起重机的差价与加快进度的综合经济效果进行比较，合理选择。

（2）塔式起重机应满足吊次的需求。塔式起重机吊次计算：一般中型塔式起重机的理论吊次为80～120次/台班，塔式起重机的吊次应根据所选用塔式起重机的技术说明中提供的理论吊次进行计算。计算时可按所选塔式起重机所负责的区域，每月计划完成的楼层数，统计需要塔式起重机完成的垂直运输的实物量，合理计算出每月实际需用吊次，再计算每月塔式起重机的理论吊次（根据每天安排的台班数）。当理论吊次大于实际需用吊次时即满足要求，当不满足时应采取相应措施，如增加每日的施工班次，增加吊装配合人员，塔式起重机尽可能地均衡连续作业，提高塔式起重机利用率。

（3）塔式起重机覆盖面的要求。塔式起重机型号决定了塔式起重机的臂长幅度，布置塔式起重机时，塔臂应覆盖堆场构件，避免出现覆盖盲区，减少预制构件的二次搬运。对含有主楼、裙房的高层建筑，塔臂应全面覆盖主体结构部分和堆场构件存放位置，裙楼力求塔臂全部覆盖。当出现难以解决的楼边覆盖时，可考虑采用临时租用汽车起重机解决裙房边角垂直运输问题，不能盲目加大塔式起重机型号，应认真进行技术经济比较分析后确定方案。

（4）最大起重能力的要求。在塔式起重机的选型中应结合塔式起重机的尺寸及起重量荷载特点进行确定。当塔式起重机不满足吊装要求时，必须调整塔型使其满足要求。

22. 常用的自行式起重机有哪些？

自行式起重机是指带自动动力并依靠自身的运行机构沿有轨或无轨通道运移的臂架型起重机。

自行式起重机按底盘形式的不同，可分为履带式起重机、汽车起重机和轮胎式起重机等。自行式起重机机动性好，转移工地方便，所以在建筑工地被广泛使用。

（1）履带式起重机是一种具有履带行走装置的转臂起重机，一般可以与履带式挖掘机换装工作装置，也有专用的。其起重量和起升高度较大，常用的为10～50t，目前最大起重量达350t，最大起升高度达135m，吊臂通常是桁架结构的接长臂。由于履带接地面积大，机械能在较差的地面上行驶和作业，作业时不需支腿，可带载移动，并可原地转弯，故在建筑工地得到广泛的应用，但自重大，行驶速度慢，转场时需要其他车辆搬运。履带式起重机按传动方式不同，可分为机械式（QU）、液压式（QUY）和电动式（QUD）三种，目前常用液压式。常见的履带式起重机如图1-18所示。

图 1-18 履带式起重机

(2) 汽车起重机按其使用的起重臂形式，可分为旋架式臂架和箱形伸缩式臂架两种。其中旋架式只用于少量大型起重机，而绝大多数汽车起重机使用箱形伸缩式臂架。按其传动装置的不同，汽车起重机分为机械传动、电力传动和液压传动三种。当前，汽车起重机主要采用液压传动。按汽车起重机额定起重量的不同，分为小型、中型、大型和特大型。额定起重量 12t 以下的为小型；额定起重量 16～50t 的为中型；额定起重量 65～125t 的为大型；额定起重量 125t 以上的为特大型。汽车起重机的特点是动作灵活、操作轻便平稳、使用安全、省时、省力、起重范围大，特别适用于流动性大、场所不同定的作业。其不足之处是车身较长，转弯半径较大，工作时需打支腿，工作时只能在车的左右和后方吊装作业，限制了工作范围。汽车起重机的型号由以下几个部分组成：第一部分为“Q”，即“起”汉语拼音的第一个字母；第二部分为“Y”，即

"液"汉语拼音的第一个字母。

（3）轮胎式起重机不采用汽车底盘，而是另行设计轴距较小的专门底盘，行驶和起重作业操作在一个司机室内。由于轴距小，转弯半径也小，行驶方便，起重量大，并且在一定吊重范围内可以带载行驶，广泛用于建筑工地等处起重、安装和拆卸工作。

23. 自行式起重机在选择时应注意些什么?

（1）起重机的机型选择。选择起重机要考虑如下问题：机械的机动性、稳定性和对地面低比压的要求，采用机械传动还是采用液压传动起重机合适，是否采用专用起重机等。

1）物料装卸、零星吊装以及需要快速进场和转场的施工作业，选择汽车式起重机比较合适，其中液压式起重机是最理想的吊装机械。

2）当吊装工程要求起重量大，安装高度高，幅度变化较大的起重作业时，则可以根据机械情况，选用履带式或轮胎式起重机；若地面松软，行驶条件差，则履带式起重机最合适；当作业范围内的地面不允许破坏，则采用轮胎式起重机最好。

3）当施工条件限制，要求起重机吊重行驶时，可以选择履带式起重机或轮胎式起重机。轮胎式起重的机动性较好，而履带式起重机吊重行驶的稳定性较高。

4）尽量选择多用、高效、节能的起重机产品，若建筑工地既需要自行吊装，又需要用塔式起重机时，应选用有提供起重的自行塔式起重机，以节省投入机械台数。

（2）起重机的型号选择。

1）根据起重量和起升高度，考虑现场条件，即可从移动式起重机的产品样本或技术性能表中找到合适规格。由于起重机的最大起重量越大，在吊装项目中充分发挥它的各种性能就越困难，利用率越低。因此，只要能满足吊装技术要求，不必选择过大的型号。

2）当轮胎式起重机不能使用支腿时，起重量应按规定性能进行计算或按使用说明书规定（一般为支腿起重量的 25%以下）。如果在平坦、坚硬的路面上吊重行驶，则起重量应不打支腿时的额定容量的 75%，以保证安全作业。

3）若单台超重机的起重量不能满足要求，可选择两台进行抬吊施工。为保证施工安全，吊装构件的重量不得超过两台起重机总起重量的 80%。

（3）起重机经济性能的选择。选择自行式起重机的综合经济性能指标的原则是使用物料或构件在运输、吊装及装卸中单价最低。因此，可用台班定额的起重量和台班费用计算物料运输单价，然后选择最低的一种。

此外，还应综合考虑能耗少、功能多的产品，以减轻人工劳动强度；若选购，还应考虑制造质量、价格以及维修服务和信贷条件等。

总之，从技术上可行的自行式起重机中，选择在当前和今后能提供最有效的使用和获得最大效益的型号规格。

24. 装配式混凝土结构施工过程中用到的钢筋加工机具有哪些?

（1）钢筋切断机具。钢筋切断可采用钢筋调直切断机，也可采用钢筋切断机或手动切断机。手动切断机用于切断直径小于 16mm 的钢筋。钢筋切断机可切断直径 40mm 的钢筋。常见的钢筋切断机如图 1-19 所示。

图 1-19　钢筋切断机

（2）钢筋调直机具。钢

筋的调直机具可分为人工调直机具和机械调直机具。人工调直机常用导轮牵引、蛇形管调直或是绞盘拉直；机械调直机具常见的有钢筋调直机。这类设备适用于处理冷拔低碳钢丝和直径不大于14mm的细钢筋。常见的钢筋调直机如图1-20所示。

图1-20　钢筋调直机

（3）钢筋弯曲机具。常用的钢筋弯曲机械主要是钢筋弯曲机和钢箍弯曲机。当钢筋直径小于25mm时，少量的钢筋弯曲也可以采用人工弯钩。

钢筋弯曲机按传动方式，可分为机械式和液压式；按工作原理，可分为蜗轮蜗杆式和齿轮式；按结构形式，可分为台式和手持式。常见的钢筋弯曲机如图1-21所示。

图1-21　钢筋弯曲机

25. 装配式混凝土结构混凝土施工过程中用到的施工机具有哪些?

（1）插入式振动器（内部振动器）。插入式振动器如图1-22所示。其构造如图1-23所示。

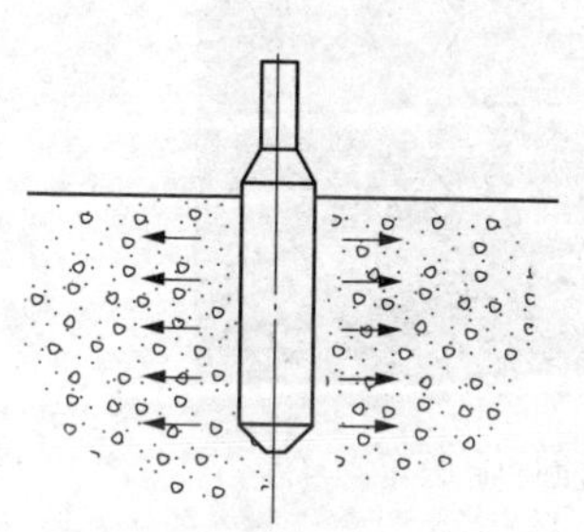

图1-22　插入式振动器

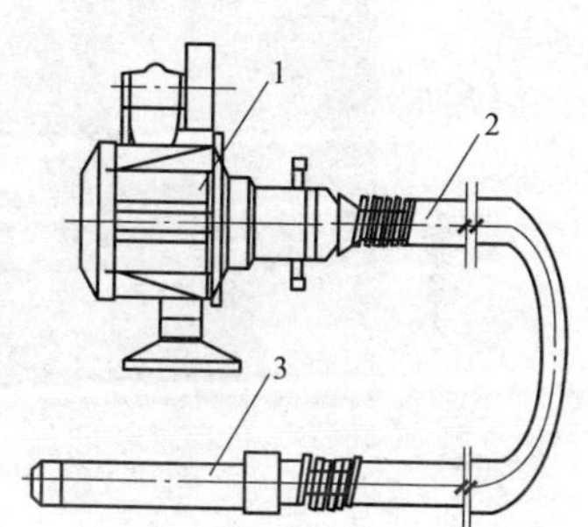

图1-23　插入式振动器构造

1—电动机；2—软轴；3—振动棒

（2）附着式振动器（外部振动器）。附着式振动器如图1-24所示。

（3）平板式振动器（表面振动器）。平板式振动器如图1-25所示。

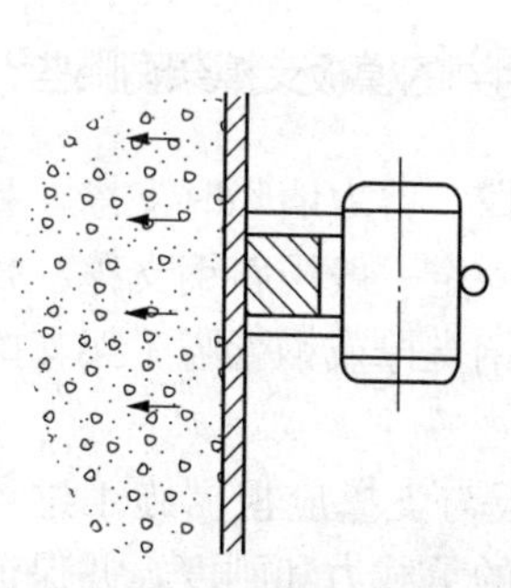

图1-24　附着式振动器

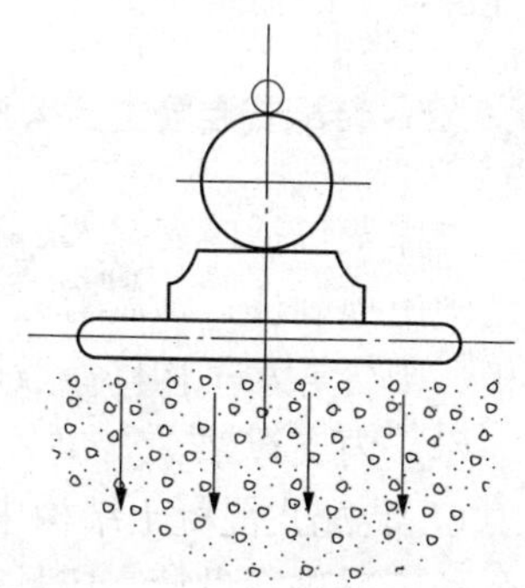

图1-25　平板式振动器

（4）混凝土搅拌输送车。混凝土搅拌输送车如图1-26所示。

图1-26 混凝土搅拌输送车

混凝土搅拌输送车用于长距离输送混凝土，它是将运送混凝土的搅拌筒安装在汽车底盘上，将混凝土搅拌站生产的混凝土拌和物灌装入搅拌筒内，直接运至施工现场，供浇筑作业需要。

混凝土搅拌输送车是一种专用运输车，在运输过程中，装载混凝土的拌筒能缓慢旋转，可有效防止混凝土离析，因而能保证混凝土的输送质量。

26. 装配式混凝土结构施工中用到的模板支撑架有哪些?

支撑架包括内支撑架、独立支撑、剪力墙临时支撑。装配式结构中预制柱、预制剪力墙临时固定一般用斜钢支撑，叠合楼板、阳台等水平构件一般用独立钢支撑或钢管脚手架支撑。

（1）内支撑架。

1）装配式混凝土结构中的模板与支撑应根据施工过程中的各种工况进行设计，应具有足够的承载力和刚度，并保证其稳定性，如图1-27所示。

2）模板与支撑安装应保证工程结构构件各部分的现状、

图 1-27 装配式混凝土结构中的模板与支撑

尺寸和位置的准确，模板安装应牢固、严密、不漏浆，且应便于钢筋敷设和混凝土浇筑、养护。

（2）独立支撑。叠合楼板在施工时，其预制底板安装时，可采用钢支柱及配套支撑，钢支柱及配套支撑应进行设计计算，选用可调整标高的定型独立钢支柱作为支撑，钢支柱的顶面标高应符合设计要求。

叠合梁在施工时，其下部的竖向支撑可采用钢支撑，支撑的位置与间距应根据施工验算确定，预制梁竖向支撑宜选用可调标高的定型独立钢支撑。预制梁柱节点区域后浇筑混凝土部分采用定型模板支撑时，宜采用螺栓与预制构件可靠连接固定，模板与预制构件之间应采用可靠的密封、防漏浆措施。

安装预制墙板、预制柱等竖向构件时，应采用可调斜支撑临时固定，如图 1-28 所示。斜支撑的位置应避免与模板支架、相邻支撑相冲突。

夹心保温外剪力墙板竖缝采用后浇混凝土连接时，宜采用工具式定型模板支撑，并应符合下列规定。

1）定型模板应通过螺栓或预留孔洞拉结的方式与预制构

图 1-28　可调斜支撑

件可靠连接。

2）定型模板安装应避免遮挡预制墙板下部灌浆预留孔洞。

3）夹芯墙板的外叶板应采用螺栓拉结或夹板等加强固定。

4）墙板接缝部位及与定型模板连接处均应采取可靠的密封、防漏浆措施。

采用预制保温板作为免拆除外墙模板进行支模时，预制外墙模板的尺寸参数及与相邻外墙板之间拼缝宽度应符合设计要求。安装时，与内侧模板或相邻构件应连接牢固并采取可靠的密封、防漏浆措施。

采用预制外墙模板时，应符合建筑与结构设计的要求，以保证预制外墙板符合外墙装饰要求并在使用过程中结构安全、可靠。预制外墙模板与相邻预制构件安装定位后，为防止浇筑混凝土时漏浆，需要采取有效的密封措施。

27. 装配式混凝土结构中所用的外防护架应符合什么规定?

在装配式混凝土结构中，目前常用的外墙防护架悬挂在外剪力墙上，主要解决结构平立面防护以及立面垂直方向简单的操作问题。

装配式混凝土结构在施工过程中所需要的外防护架与现浇结构的外墙脚手架相比，架体灵巧、拆分简便、整体拼装牢固，根据现场实际情况便于操作，可多次重复使用。

外防护架通常采用角钢焊接架体，三角形架体采用槽钢；设置钢管防护采用普通钢管，扣件采用普通直角扣件。此外，还需准备脚手板、钢丝网等一般脚手架所用的材料。

脚手架操作平台设置：在相邻每榀三脚架间采用角钢焊接成骨架，骨架之间采用每隔一定距离，设置钢筋与角钢焊接架体。

外防护架防护采用钢管进行围护：在临边处搭设高度为1.2m的钢管防护，立杆设置间距不大于1.8m。水平杆设置三道，并悬挂安全防护网；立杆与外防护架体采用焊接的方式进行连接。在离操作平台0.2m范围内设置挡脚板。具体如图1-29所示。

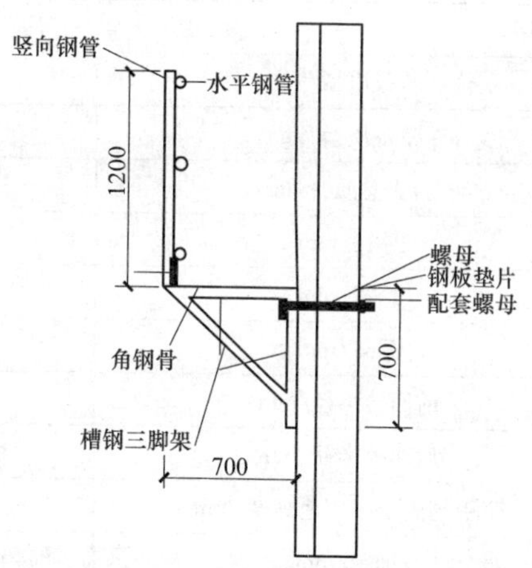

图1-29　外防护架构造示意图

28. 装配式混凝土结构构件运输车辆有什么要求?

装配式混凝土结构施工过程中较为常见的构件运输车辆如

图 1-30 所示。

图 1-30　构件运输车辆

构件运输车辆的主要技术参数见表 1-2。

表 1-2　构件运输车辆的主要技术参数

项　目	参　数	
质量参数	装载质量/kg	31 000
	整备质量/kg	9000
	最大总质量/kg	40 000
尺寸参数	总长/mm	12 980
	总宽/mm	2490
	总高/mm	3200
	前回转半径/mm	1350
	后间隙半径/mm	2300
	牵引销固定板离地高度/mm	1240
	轴距/mm	8440+1310+1310
	轮距/mm	2100
	承载面离地高度/mm	860（满载）
	最小转弯半径/mm	12 400
	可装运预制板高度/mm（整车高 4000mm）	3140

29. 装配式混凝土结构构件运输车在施工中应注意哪些问题?

（1）构件运输车的半挂车和牵引车的连接操作：

1）为了使牵引销与牵引座顺利连接，应先用垫木将半挂车车轮挡住。操作支腿，使半挂车牵引销座板比牵引车的牵引座中心位置低10～30mm。否则，有时不仅不能连接，还会损坏牵引座、牵引销及有关零件。

2）拉开牵引车上牵引座的解锁拉杆，张开牵引锁止机构。向后倒牵引车，使半挂车牵引销经牵引座V形开口导入锁止机构开口并推动锁止块转动、锁紧牵引销（听见“咔嗒”声，看见解锁拉杆退回）。

3）牵引车倒退时，牵引车与半挂车中心线应力求一致，一般两中心线偏移限于40mm以下，两中心线夹角满载时限于5°以内，空车时限于7°以内。

4）连接气路，将牵引车和半挂车的供气管路接头、控制管路接头各自对接（红红对接，黄黄对接），打开牵引车上的半挂车气路连接分离开关。连接电路，将牵引车的电线连接插头插入半挂车的电线连接插座上，同时将ABS连线接上。正确操作升降支腿使之缩回，然后拉下摇把并挂在挂钩上，搬开车轮下的垫木。

半挂车与牵引车的连接应检查的项目及处理意见见表1-3。

（2）起步前的检查。牵引车与半挂车的轮胎气压是否为规定值。启动发动机，观察驾驶室内的气压表，直到气压上升到0.6MPa以上。推入牵引车的手刹，可听到明显急促的放气声，看见制动气室推杆缩回，解除驻车制动。检查气路有无漏气，制动系统是否正常工作。检查电路各灯具是否正常工作，各电线接头是否结合良好。

表1-3　半挂车与牵引车的连接应检查的项目及处理意见

检查项目	现　象	处理意见
牵引车与半挂车高度的匹配	牵引座中心高-半挂车牵引高=50～100mm	如不满足条件，则不能很好匹配
牵引车与半挂车高度的转弯干涉	转弯时半挂车前端与牵引车驾驶室相接触或牵引车后端与半挂车相接触	必须更换另一台牵引车来牵引半挂车
牵引车的牵引座	有无砂土、石块或其他异物	如有则清除
	牵引座上是否有润滑脂	加足润滑脂
	牵引座的连接固定	如螺栓松动须拧紧或更换
半挂车上牵引销和座板	有无砂土或其他异物	如有则清除
	牵引销	如发现磨损严重则需更换

(3) 起步。一切检查确定正常后，继续使制动系统气压(表压)上升到0.7～0.8MPa，然后按牵引车的操作要求平稳起步，并检查整车的制动效果，以确保制动可靠。

(4) 行驶。经过上述操作后便可正常行驶，行驶时与一般汽车相同，但要注意以下几点。

1) 防止长时间使用半挂车的制动系统，以避免制动系统气压太低而使紧急制动阀自动制动车轮，出现刹车自动抱死情况。

2) 长坡或急坡时，要防止制动鼓过热，应尽量使用牵引车发动机制动装置制动。

3) 行驶时车速不得超过最高车速。

4) 应注意道路上的限高标志，以避免与道路上的装置相撞。

5) 由于预制板重心较高，转弯时必须严格控制车速，不得大于10km/h。

(5) 分离半挂车。应尽量选择在平坦坚实的地面上分离半挂车和牵引车。如在地基较软或夏天在沥青路面上分离时，应在升降支腿底座下面垫一块厚木板，以防止因负重下沉而出现无法重新连接等情况。拉出牵引车的手刹，使制动器安全制动。关闭牵引车上的半挂车气路连接分离开关，然后从半挂车上卸下牵引车气接头。从半挂车电线连接插座上拔下插头，同时将ABS连线拔下。操作升降支腿，使升降支腿底座着地，然后换低速挡，将半挂车抬起一些间隙，以便退出牵引车。拉出牵引座解锁拉杆，使锁止块张开。缓慢向前开出牵引车，使牵引销与牵引座脱离，以分离半挂车和牵引车。分离后检查半挂车各部分有无异常，拧开储气筒下部的放水阀，排出筒内积水。

（6）装载预制件。将车辆停于平整硬化地面上。检查车辆使车辆处于驻车制动状态。用钥匙将液压单元开关打开。半挂车卸预制板前，操作液压压紧装置控制按钮盒中对应控制按键，将压紧装置全部松开收起，打开固定支架后门。采用行吊或随车吊等吊装工具，将吊装工具与预制件连接牢靠，将预制件直立吊起，起升高度要严格控制，预制件底端距车架承载面或地面小于100mm，吊装行走时立面在前，操作人员站于预制件后端，两侧面与前面禁止站人。为防止工件磕碰损伤，轻轻地将预制件置于地面专用固定装置内，并固定牢靠。进行下一次操作。完毕后将后门关闭，将液压单元开关关闭并将钥匙取下。卸载鹅颈上方预制件时，在确保箱内货物固定牢靠的情况下打开栏板，打开栏板时人员不得站立于栏板正面，防止被滚落物体砸伤。卸载完成后，将栏板关闭并锁止可靠。

第二章　装配式混凝土结构构件生产技术

第一节　装配式混凝土结构构件加工与制作

30. 预制构件在生产前应做好哪些工作?

（1）预制构件生产前，应进行深化设计，设计文件应包括以下内容。

1）预制构件平面图、模板图、配筋图、安装图、预埋件及细部构造图等。

2）带有饰面板材的构件应绘制板材排板图。

3）夹心外墙板应绘制内外叶墙板拉结件布置图、保温板排板图。

4）预制构件脱模、翻转过程中混凝土强度验算。

（2）预制构件制作前应审核加工图，具体内容包括：预制构件模具图、配筋图、预埋吊件及有关专业预埋件布置图等。加工图需要修改或完善时应在生产前办理变更文件。

（3）预制构件制作应编制生产方案，明确各阶段的质量控制要点，并应由技术负责人审批、实施，具体包括生产计划及生产工艺、模具设计及模具方案、技术质量控制措施、产品存放、保护及运输方案等内容。必要时应进行预制构件的脱模、吊运、存放、翻转及运输等相关内容的承载力、裂缝和变形验算。

（4）预制构件的各种原材料和预埋件、连接件等在使用前应进行试验检测，其质量标准应符合现行国家标准的有关规定。

（5）预制构件的生产设施、设备应符合环保要求，混凝土搅拌与砂石堆场宜建立封闭设施；无封闭设施的砂石堆场应建立防扬尘及喷淋设施；混凝土生产余料、废弃物应综合利用，生活污水应处理后排放。

（6）预制构件制作前应对技术要求、质量要求进行技术交底，并保留技术交底记录；企业还应对操作人员进行岗前培训，培训包括各工序操作程序及质量控制要点、过程检验标准以及安全和环境保护等内容。

（7）预制构件生产建立首件验收制度。

31. 预制构件在生产过程中应注意哪些问题?

（1）预制构件在生产过程中，应控制好原材料的检验、模具的检验、成品的检验及过程中的质量检查要求。实现群众性的自检、互检和交接检查，加强专职人员在生产过程中对操作质量的巡回检查。建立健全质量检验体系，配备具备专业素质的检查人员，确保标准的落实。原料进厂的质量证明资料及构件出厂质量证明文件要完整。

（2）预制构件的质量检验应按模具、钢筋、混凝土、预制构件四个检验项目进行。检验时，对新制作或改制后的模具、钢筋成品、预制构件按件检验；对原材料、预埋件、钢筋半成品、重复使用的定型模具等应分批随机抽样检验；对混凝土拌合物工作性能及强度，按批检验。检验资料主要内容应包括混凝土、钢筋、预埋件的质量证明文件、主要材料进场复验报告、构件生产过程质量检验记录、结构试验记录（或报告）及其必要的试验或检验记录。各种试验、检验资料，应根据现行有关规定进行试验、检测，提出报告，存档备查。

32. 生产预制构件所使用的模具在清理时应注意哪些问题？

(1) 用钢丝球或刮板将内腔内残留混凝土及其他杂物清理干净，使用压缩空气将模具内腔吹干净，以用手擦拭手上无浮灰为准。

(2) 所有的模具拼接处均用刮板清理干净，保证无杂物残留，确保组模时无尺寸偏差。

(3) 清理模具各基准面边沿，利于抹面时应保证厚度要求。

(4) 清理模具工装，保证工装无残余混凝土。

(5) 清理模具外腔，并涂油保养。

(6) 清理下来的混凝土残灰应及时收集到指定的垃圾桶中。

33. 在组模时应注意哪些问题？

(1) 组模前，应检查清模是否到位，如果发现模具清理不干净，不得进行组模。

(2) 组模时应仔细检查模具是否有损坏、缺件现象，损坏、缺件的模具应及时维修或更换。

(3) 选择正确型号侧板进行拼装，拼装时不得漏放紧固螺栓或磁盒。在拼装部位要粘贴密封胶条，密封胶条要平直，无间断、无褶皱，胶条不应在构件转角处搭接。

(4) 各部位螺钉校紧，模具拼接部位不得有间隙，确保模具所有尺寸偏差控制在误差范围内。

34. 模具在涂刷界面剂时应注意哪些问题？

(1) 需涂刷界面剂的模具应在绑扎钢筋笼前涂刷，严禁界面剂涂刷到钢筋笼上。

（2）界面剂涂刷前保证模具必须干净，无浮灰。

（3）界面剂涂刷工具为毛刷，严禁使用其他工具。

（4）涂刷界面剂必须涂刷均匀，严禁有流淌、堆积的现象。涂刷完的模具要求涂刷面水平向上放置，20min 后方可使用。

（5）涂刷厚度不少于 2mm，且需涂刷两次，两次涂刷时间的间隔不少于 20min。

35. 模具在使用隔离剂时应注意哪些问题？

预制构件选用的隔离剂应避免降低混凝土表面强度，并满足后期装修要求；对于清水混凝土及表面需要涂装的混凝土构件，应采用专用的隔离剂。

隔离剂可以采用涂刷或喷涂的方式。

（1）涂刷隔离剂时，应做到以下几点。

1）涂刷隔离剂前应检查模具是否干净。

2）隔离剂必须采用水性隔离剂，且需时刻保证抹布（或海绵）及隔离剂干净、无污染。

3）用干净抹布蘸取隔离剂时，拧至不自然下滴为宜，均匀涂抹在底模和模具内腔，保证无漏涂。

4）涂刷隔离剂后的模具表面不得有明显痕迹。

（2）喷涂隔离剂时，喷油机的喷油管对底模表面进行隔离剂喷洒，抹光器对底模表面进行扫抹，使隔离剂均匀涂在底板表面。喷涂机采用高压超细雾化喷嘴，实现均匀喷涂隔离剂，隔离剂的厚度、喷涂范围可以通过调整喷嘴的参与作业的数量、喷涂的角度及模台的运行速度来调整。

36. 预制构件模具尺寸的允许偏差和检验方法应符合什么规定？

预制构件模具尺寸的允许偏差和检验方法见表 2-1。

表 2-1　　预制构件模具尺寸的允许偏差和检验方法

项次	检验项目及内容		允许偏差/mm	检验方法
1	长度	≤6m	1，−2	用钢尺量平行构件高度方向，取其中偏差绝对值较大处
		>6m且≤12m	2，−4	
		>12m	3，−5	
2	截面尺寸	墙板	1，−2	用钢尺测量两端或中部，取其中偏差绝对值较大处
3		其他构件	2，−4	
4	对角线差		3	用钢尺量纵、横两个方向对角线
5	侧向弯曲		$L/1500$ 且≤5	拉线，用钢尺量测侧向弯曲最大处
6	翘曲		$L/1500$	对角拉线测量交点间距离值的两倍
7	底模表面平整度		2	用2m靠尺和塞尺量
8	组装缝隙		1	用塞片或塞尺量
9	端模与侧模高低差		1	用钢尺量

37. 预制构件的生产过程中使用模具时应注意哪些问题?

（1）在模具的使用过程中，应杜绝野蛮操作，尽可能地减少变形。

（2）生产过程中应检查侧模、预埋件和预留孔洞定位措施的有效性。

（3）暂停使用的模具应存放在平整地面上；叠放的模具应采取防止变形的措施；模具应有防生锈措施，且零配件保持完好；重新启用的模具生产前应进行检查，合格后方可使用。

（4）侧模出筋的构件不便拆模，应小心操作。为防止侧模变形，可适当增加侧模刚度。如侧模发生变形，应及时进行修整，检验合格后才能再次使用。

（5）外观质量应检查各零件是否齐全、是否变形、有无开焊等。

38. 预埋件的加工应符合什么规定?

（1）预埋件加工的允许偏差应符合表 2-2 的规定。

表 2-2　　预埋件加工允许偏差

项次	检验项目及内容		允许偏差/mm	检验方法
1	预埋件锚板的边长		0，−5	用钢尺量
2	预埋件锚板平整度		1	用直尺和塞尺量
3	锚筋	长度	10，−5	用钢尺量
		间距偏差	±10	用钢尺量

（2）固定在模具上的预埋件、预留孔洞中心位置允许偏差应符合表 2-3 的规定。

表 2-3　　模具预留孔洞中心位置允许偏差

项次	检验项目及内容	允许偏差/mm	检验方法
1	预埋件、插筋、吊环、预留孔洞中心线位置	3	用钢尺量
2	预埋螺栓、螺母中心线位置	2	用钢尺量
3	灌浆套筒中心线位置	1	用钢尺量

（3）构件上部的预埋件可采用工具式螺栓固定，当采用磁力吸或胶粘法固定预埋件时，磁力吸规格和胶黏剂的品种、型号应通过试验确定。

（4）构件底面上预埋件的固定：当采用钢底模时，可采用与钢筋焊接的方式，但不得损坏被焊接钢筋断面，且不得与预应力钢筋焊接。当采用木底模时，可采用钉子固定。

（5）型钢的预埋件应采取在型钢上加焊钢筋来定位固定，预埋件应与钢筋骨架和模板绑扎牢固。

（6）预埋螺栓、吊母、吊具等应采用工具式卡具固定，并应保护好丝扣。

（7）预埋钢筋套筒应使用定位螺栓固定在侧模上，灌浆口角度可采用钢筋棍绑扎在主筋上进行定位控制。

（8）预埋电线盒、电线管或其他线管时，必须与模板或钢筋固定牢固，并将孔隙堵塞严密，避免水泥砂浆进入。

（9）在安装过程中发现预埋件的尺寸、形状发生变化时或对预埋件的质量有怀疑时，应对该批预埋件再次进行复检，合格后方可使用。

39. 预留和预埋质量要求和允许偏差及检验方法应符合什么规定？

预留和预埋质量要求和允许偏差及检验方法见表2-4。

表2-4　预留和预埋质量要求和允许偏差及检验方法

<table>
<tr><th colspan="2">项　目</th><th>允许偏差/mm</th><th>检验方法</th></tr>
<tr><td rowspan="3">钢筋连接套筒</td><td>中心线位置</td><td>±2</td><td>尺量</td></tr>
<tr><td>安装垂直度</td><td>3</td><td>拉水平线、竖直线，尺量两端差值</td></tr>
<tr><td colspan="2">套筒注入、排出口的堵塞</td><td>目测</td></tr>
<tr><td rowspan="2">插筋</td><td>中心线位置</td><td>±5</td><td rowspan="8">尺量</td></tr>
<tr><td>外露长度</td><td>＋10，0</td></tr>
<tr><td rowspan="2">螺栓</td><td>中心线位置</td><td>±2</td></tr>
<tr><td>外露长度</td><td>＋10，－5</td></tr>
<tr><td>预埋钢板</td><td>中心线位置</td><td>±3</td></tr>
<tr><td rowspan="2">预留孔洞</td><td>中心线位置</td><td>±3</td></tr>
<tr><td>尺寸</td><td>＋10，0</td></tr>
<tr><td>连接件</td><td>中心线位置</td><td>±3</td></tr>
<tr><td>其他需要先安装的部位</td><td colspan="2">安装状况：种类、数量、位置、固定状况</td><td>与构件制作图对照及目视</td></tr>
</table>

注　钢筋连接套筒除应满足上述指标外，尚应符合套筒厂家规定的允许误差值。

40. 预制构件的生产工艺是怎样的？

预制构件按照种类不同，可分为梁、柱、预制外墙板、内墙板、叠合板、楼梯板和阳台板等。

无论哪种形式的预制构件，生产流程基本相同，包括模台的清理、模具组装、钢筋及网片安装、预埋件及电气管线预埋预留、隐蔽工程验收、养护、脱模、起吊、成品验收、入库，如图 2-1 所示。

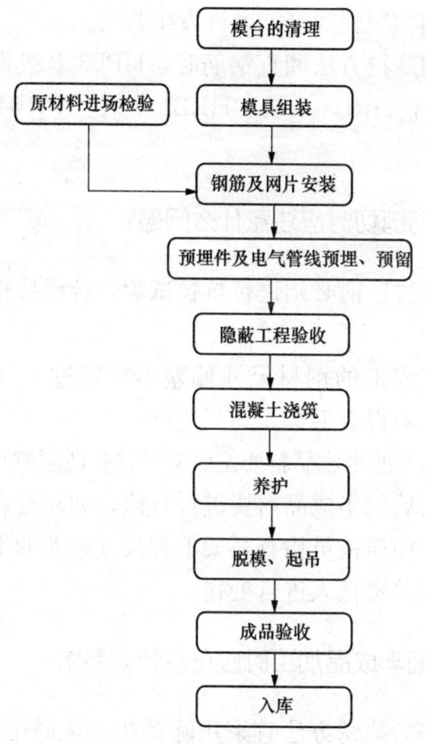

图 2-1 预制构件生产流程

41. 钢筋调直时应注意什么问题?

（1）采用钢筋调直机调直冷拔钢丝和细钢筋时，要根据钢筋的直径选用调直模和传送压辊，并要正确掌握调直模的偏移量和压辊的压紧程度。

（2）调直模的偏移量，根据其磨耗程度及钢筋品种通过试验确定；调直筒两端的调直模一定要在调直前后导孔的轴心线上，这是钢筋能否调直的一个关键。

（3）压辊的槽宽，一般在钢筋穿入压辊之后，在上下压辊间宜有3mm之内的间隙。压辊的压紧程度要做到既保证钢筋能顺利地被牵引前进，看不出钢筋有明显的转动，而在被切断的瞬时，钢筋和压辊间又能允许发生打滑。

（4）采用冷拉方法调直钢筋时，HPB300级钢筋的冷拉率不宜大于4%，HRB335级、HRB400级及RRB400级冷拉率不宜大于1%。

42. 钢筋剪切时应注意什么问题?

（1）钢材进厂前必须进行抗拉试验，合格后根据施工图纸进行加工。

（2）剪切成形的钢材尺寸偏差不得超过±5mm，保证成形钢材平直，不得有毛槎。

（3）剪切后的半成品料要按照型号整齐地摆放到指定位置。

（4）剪切后的半成品料要进行自检，如超过误差标准严禁放到料架上。如质检员检查料架上有尺寸超差的半成品料，要对钢筋班组相关责任人进行处罚。

43. 钢筋半成品加工时应符合什么要求?

（1）钢筋的除锈方法宜采用除锈机、风砂枪等机械除锈；当钢筋数量较少时，可采用人工除锈。除锈后的钢筋不宜长期存放，应尽快使用。

（2）钢筋的表面应洁净，使用前应将表面油渍、漆污、锈皮、鳞锈等清除干净，但对钢筋表面的水锈和色锈可不做专门处理。在钢筋清污除锈过程中或除锈后，当发现钢筋表面有严重锈蚀、麻坑、斑点等现象时，应经鉴定后视损伤情况确定降级使用或剔除不用。

（3）钢筋焊接前须消除焊接部位的铁锈、水锈和油污等，钢筋端部的扭曲处应矫直或切除。施焊后焊缝表面应平整，不得有烧伤、裂纹等缺陷。

（4）钢筋调直应符合《混凝土结构工程施工质量验收规范》（GB 50204—2015）的有关规定。钢筋调直宜采用机械方法，也可采用冷拉方法。当采用冷拉方法调直钢筋时，HPB300 级钢筋的冷拉伸长率不宜大于 4%，HRB400 级钢筋的冷拉率不宜大于 1%。

（5）对钢筋下料长度的计算，具体如下：

下料长度＝外包尺寸量度差＋端部弯钩增值

直线钢筋下料长度＝构件长度－保护层厚度＋钢筋弯钩增加长度

弯起钢筋下料长度＝直段长度＋斜段长度－量度差值＋弯钩增加长度

箍筋下料长度＝直段长度＋弯钩增加长度量度差值

在钢筋的计算过程中，常用到钢筋的弯曲调整值、钢筋弯钩增加长度，具体见表 2-5、表 2-6。

表 2-5　　钢筋弯曲调整值

钢筋弯曲角度	30°	45°	60°	90°	135°
钢筋弯曲调整值	0.3d	0.5d	1d	2d	3d

注　d 为钢筋直径。

表 2-6　　钢筋弯钩增加长度

钢筋弯钩角度	90°	135°	180°
钢筋弯钩增加长度	0.3d+5d	0.7d+10d	4.25d

注　1. d 为钢筋直径。

2. 90°为无抗震要求箍筋弯钩增加长度，135°为抗震要求箍筋弯钩增加长度。

（6）受力钢筋的弯钩弯折应符合下列规定：HPB300 级钢筋末端应做 180°弯钩，其弯弧内直径不应小于钢筋直径的 2.5

倍，弯钩的弯后平直部分长度不应小于钢筋直径的3倍；当设计要求钢筋末端需要做135°弯钩时，HRB335级、HRB400级钢筋弯弧内直径不小于钢筋直径的4倍，弯钩后的平直部分长度应符合设计要求；钢筋做不大于90°弯折时，弯折处的弯弧内直径不应小于钢筋直径的5倍，如图2-2所示。

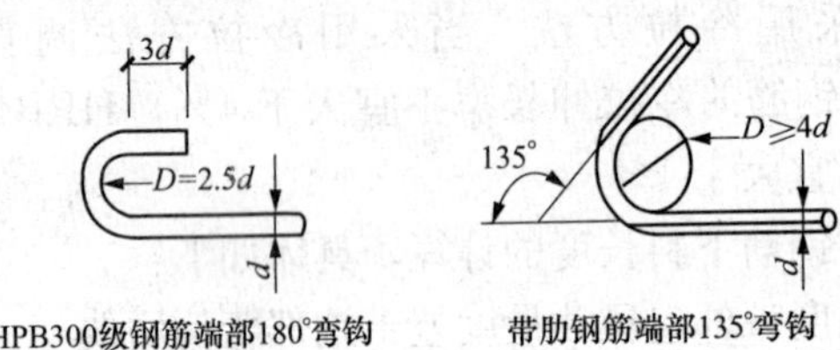

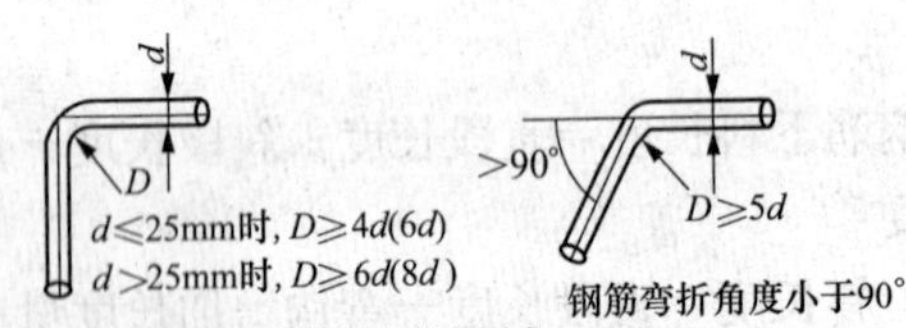

注：括号内为顶层框架梁边节点要求
钢筋弯折角度为90°

图2-2　纵向钢筋端部弯钩和弯折要求

（7）除焊接封闭环式箍筋外，箍筋的末端应做弯钩，弯钩的形式应符合设计要求，当设计无要求时应符合下列规定：①箍筋、拉筋弯钩的弯弧内直径除应符合有关规定外，尚应不小于受力钢筋直径；②箍筋、拉筋弯钩的弯折角度：对于一般结构不应小于90°，对于有抗震等级要求的应为135°；③箍筋、拉筋弯后平直部分长度：对于一般结构，不宜小于钢筋直径的5倍；对于有抗震等级要求的，不应小于箍筋、拉筋直径的10倍和75mm的最大值。

44. 钢筋套丝加工时应注意什么问题?

（1）对端部不直的钢筋要预先调直，按要求，切口的端面应与轴线垂直，不得有马蹄形或挠曲，因此刀片式切断机和氧气吹割都无法满足加工精度要求，通常只有采用砂轮切割机，按配料长度逐根进行切割。

（2）加工丝头时，应采用水溶性切削液，当气温低于 0℃时，应掺入 15%～20%亚硝酸钠。严禁用机油做切削液或不加切削液加工丝头。

（3）操作工人应按要求检查丝头的加工质量，每加工 10 个丝头用通、止环规检查一次。钢筋丝头质量检验的方法及要求应满足表 2-7 的规定。

表 2-7　　钢筋丝头质量检验的方法及要求

序号	检验项目	量具名称	检验要求
1	螺纹牙型	目测、卡尺	牙型完整，螺纹大径低于中径的不完整丝扣累计长度不得超过两螺纹周长
2	丝头长度	卡尺、专用量规	拧紧后钢筋在套筒外露丝扣长度应大于 0 扣且不超过 1 扣
3	螺纹直径	螺纹环规	检查工件时，合格的工件应当能通过通端而不能通过止端，即螺纹完全旋入环通规，而旋入环止规不超过 2P，及判定螺纹尺寸合格

（4）连接钢筋时，钢筋规格和套筒的规格必须一致，钢筋和套筒的丝扣应干净、完好无损。

（5）采用预埋接头时，连接套筒的位置、规格和数量应符合设计要求。带连接套筒的钢筋应固定牢，连接套筒的外露端应有保护盖。

（6）滚压直螺纹接头应使用管钳和力矩扳手进行施工，将两个钢筋丝头在套筒中间位置相互顶紧，接头拧紧力矩应符合表 2-8 的规定。力矩扳手的精度为±5%。

表 2-8　　直螺纹接头安装时的最小扭紧扭矩值

钢筋直径/mm	≤16	18～20	22～25	28～32	36～40
扭紧扭矩/(N·m)	100	200	260	320	360

（7）经拧紧后的滚压直螺纹接头应随手刷上红漆以作标

识，单边外露丝扣长度不应超过1扣。

（8）根据抗拉强度以及高应力和大变形条件下反复拉压性能的差异，接头应分为下列3个接头等级。

1）Ⅰ级接头：接头抗拉强度不小于被连接钢筋的实际抗拉强度或1.1倍钢筋抗拉强度标准值并具有高延伸及反复抗压性能。

2）Ⅱ级接头：接头抗拉强度不小于被连接钢筋的抗拉强度标准值，并具有高延性及反复拉压性能。

3）Ⅲ级接头：接头抗拉强度不小于被连接钢筋屈服强度标准值的1.35倍，并具有一定的延性及反复拉压性能。

45. 钢筋骨架在制作时应注意哪些问题？

（1）绑扎或焊接钢筋骨架前应仔细核对钢筋料尺寸及设计图纸。

（2）保证所有水平分布筋、箍筋及纵筋保护层厚度、外露纵筋和箍筋的尺寸、箍筋、水平分布筋和纵向钢筋的间距。

（3）边缘构件范围内的纵向钢筋依次穿过的箍筋，从上往下箍筋要与主筋垂直，箍筋转角与主筋交点处采用兜扣法全数绑扎，如图2-3（a）所示。主筋与箍筋非转角的相交点成梅花式交错绑扎，绑丝要相互成八字形绑扎，绑丝接头应伸向柱中，箍筋135°弯钩水平平直部分满足$10d$要求，如图2-3（b）所示。最后绑扎拉筋，拉筋应钩住主筋。箍筋弯钩叠合处沿柱子竖筋交错布置，并绑扎牢固。边缘构件底部箍筋与纵向钢筋绑扎间距按要求加密。

（4）竖向分布钢筋在内的规定进行绑扎，墙体水平分布筋、纵向分布筋的每个绑扎点采用两根绑丝，剪力墙身拉筋要求按照如图2-4所示的双向拉筋与梅花双向拉筋布置。

（5）绑扎板筋时一般用顺扣或八字扣，钢筋每个交叉点均要绑扎，并且绑扎牢固不得松扣。叠合板吊环要穿过桁架钢筋，绑扎在指定位置，如图2-3（b）所示。

（6）叠合板中遇到不大于300mm的洞口时，钢筋构造如

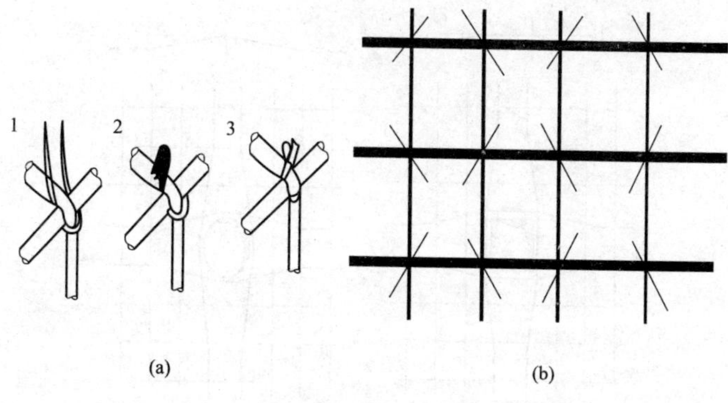

图 2-3　兜扣和八字扣绑扎

（a）兜扣绑扎；（b）八字扣绑扎

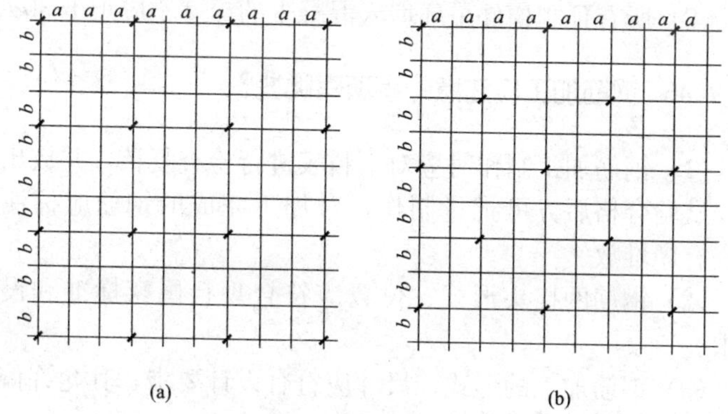

图 2-4　双向拉筋与梅花双向拉筋示意

（a）拉筋@$3a3b$ 双向（$a \leqslant 200$、$b \leqslant 200$）；

（b）拉筋@$4a4b$ 梅花双向（$a \leqslant 150$、$b \leqslant 150$）

a—竖向分布钢筋间距；b—水平分布钢筋间距

图 2-5 所示。

（7）楼梯段绑扎要保证主筋、分布筋之间钢筋间距，保护层厚度。先绑扎主筋后绑扎分布筋，每个交点均应绑扎，如有楼梯梁筋时，先绑扎梁筋后绑扎板筋，板筋要锚固到梁内，底板筋绑完，在绑扎梯板负筋。

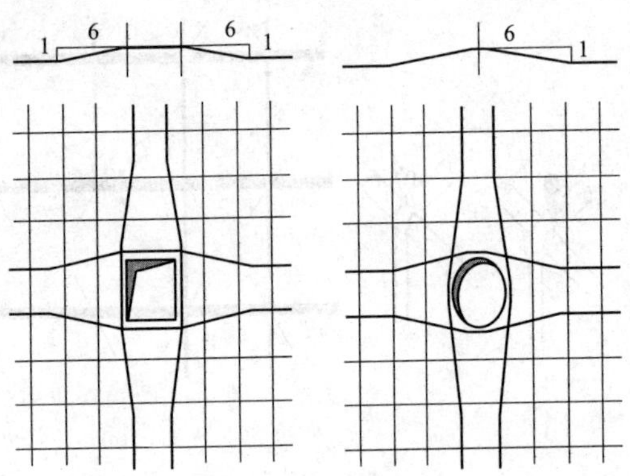

图 2-5　矩形洞或圆形洞不大于 300mm 时钢筋构造

（8）所有预制构件吊环埋入混凝土的深度不应小于 $30d$。

46. 钢筋加工应注意的事项有哪些？

（1）钢筋加工制作时应对下料表进行检查复核，并放出实样，试验合格后方可批量制作，对加工完成的钢筋应标注信息、有序堆放。

（2）钢筋的接头形式、位置应符合现行国家标准和设计要求。

（3）钢筋加工的形式、尺寸应符合设计要求，其允许偏差应符合表 2-9 的规定。

表 2-9　　钢筋加工的允许偏差

项　目	允许偏差/mm
受力钢筋沿长度方向全长的净尺寸	±10
弯起钢筋的弯折位置	±20
箍筋内净尺寸	±5

47. 钢筋骨架和网片加工时应符合哪些要求？

（1）钢筋骨架尺寸应准确，骨架吊装时应采用多吊点的专用吊架，防止骨架产生变形。

（2）保护层垫块宜按梅花状布置，间距应满足钢筋限位及控制变形要求，与钢筋骨架或网片绑扎牢固，与钢筋骨架或网片绑扎牢固，保护层厚度应符合国家现行标准和设计要求。

（3）钢筋骨架入模时应平直、无损伤，表面不得有油污或者锈蚀。入模后的钢筋骨架或网片发生变形、歪斜必须及时扶正修理；严禁在入模后的钢筋上踩踏或行走，不得在钢筋上放置杂物。

（4）钢筋骨架应轻放入模。

（5）按预制构件图安装好钢筋连接套筒、连接件、预埋件；在浇筑混凝土时，钢筋套筒应有保护措施，保持套筒内清洁。

48. 钢筋骨架、钢筋网片入模后对受力主筋的混凝土保护层有什么规定?

钢筋骨架、钢筋网片入模后，必须保证设计规定的受力主筋的混凝土保护层厚度，并应注意以下几点。

（1）预制构件受力主筋的混凝土保护层厚度，宜采用专用塑料支架控制，严禁使用混凝土垫块；当采用水泥砂浆垫块时，应保证必要的强度；支架或垫块可按梅花形放置，间距以主筋不下垂为宜。

（2）位于预制构件断面中心和侧面位置的钢筋骨架或钢筋网，保护层厚度可用塑料支架、垫块或短钢筋支撑，凡必须固定在主筋上，并应确保后续生产时不发生位移。

（3）用反打工艺时，钢筋骨架或钢筋网片可采用塑料支架与吊杠结合的方式，以保证受力主筋保护层厚度。

49. 钢筋网、钢筋骨架尺寸和安装位置偏差应符合什么规定?

钢筋网片或骨架装入模具后，应按设计图纸要求对钢筋位置、规格、间距、保护层厚度等进行检查，允许偏差应符合表

2-10的规定。

表 2-10　钢筋网、钢筋骨架尺寸和安装位置偏差

项次	检验项目及内容		允许偏差/mm	检验方法
1	绑扎钢筋网片	长、宽	±5	尺量
		网眼尺寸	±10	尺量连续三挡，取最大值
2	焊接钢筋网片	长、宽	±5	尺量
		网眼尺寸	±10	尺量连续三挡，取最大值
		对角线差	5	尺量
		端头不齐	5	
3	钢筋骨架	长	±10	尺量
		宽	±5	
		厚	0，−5	
		主筋间距	±10	尺量两端，中间各一点，取最大值
		排距	±5	
		箍筋间距	±10	
		钢筋弯起点位置	±20	尺量
		端头不齐	5	
4	保护层厚度	柱、梁	±5	尺量
		板、墙板	±3	

50. 预制构件中钢筋成品允许偏差应符合什么规定？

钢筋成品尺寸允许偏差见表 2-11。

表 2-11　钢筋成品尺寸允许偏差

项次	检验项目		允许偏差/mm
1	绑扎钢筋网片	长、宽	±5
		网眼尺寸	±10
2	焊接钢筋网片	长、宽	±5
		网眼尺寸	±10
		对角线差	5
		端头不齐	5

续表

项次	检验项目		允许偏差/mm
3	钢筋骨架	长	±10
		宽	±5
		厚	0、−5
		主筋间距	±10
		主筋排距	±5
		起弯点位移	15
		箍筋间距	±10
		端头不齐	5

51. 保温板半成品加工应符合什么规定？

（1）保温板切割应按照构件的外形尺寸、特点，合理、精准地进行下料。

（2）所有通过保温板的预留孔洞均要在挤塑板加工，加工时应留出相应的预留孔位。

保温板半成品加工尺寸应符合表 2-12 的规定。

表 2-12　　保温板半成品加工尺寸要求

项　目	尺寸要求	检查方法
保温板拼块尺寸	±2mm	钢尺量
预留孔洞尺寸	中心线±3mm，孔洞大小 0～5mm	钢尺量

52. 预制构件中在使用混凝土时具体有哪些要求？

（1）混凝土搅拌原材料计量误差应符合表 2-13 的规定。

（2）混凝土浇筑前，应做好以下工作。

1）混凝土强度等级、混凝土所用原材料、混凝土配合比设计、耐久性和工作性应满足现行国家标准和工程设计要求。

表 2-13 材料的计量偏差（质量）

材料种类	每盘计量允许误差（%）	累计计量误差（%）
水泥	±2	±1
骨料	±3	±2
水	±2	±1
掺和料	±2	±1
外加剂	±2	±1

2）混凝土浇筑前，应逐项对模具、垫块、外装饰材料、支架、钢筋、连接套筒、连接件、预埋件、吊具、预留孔洞、保护层厚度等进行检查验收，规格、位置和数量必须满足设计要求，并做好隐蔽工程验收记录。钢筋连接套筒、预埋螺栓孔应采取封堵措施，防止浇筑混凝土时将其封堵。

(3) 混凝土在浇筑时，应做好下列工作。

1）混凝土应均匀连续浇筑，投料高度不宜大于500mm。采用立模浇筑时要采取保证混凝土浇筑质量的措施。

2）混凝土浇筑时应保证模具、门窗框、预埋件、连接件不发生变形或者移位，如有偏差应采取措施及时纠正。

3）混凝土从出机到浇筑时间及间歇时间不宜超过30min。

4）布料机下料口或封板不得触碰模具、钢筋及其他预留预埋装置；布料机放料应由一端开始按顺序均匀下料，每次下料不宜过量。

5）起重机配合吊斗下料时，吊斗距离模板高度不得超过600mm；下料时必须均匀，并应辅以人工摊铺；摊铺时应站在铺设好的跳板上或站在钢制模具边缘操作，不得踩踏钢筋骨架，严禁一次性集中下料。

6）露天生产遇下雨时宜停止浇筑，当必须继续浇筑时应有相应质量保证措施，避免模具及混凝土内混入雨水。

7）混凝土浇筑完成后应对模具上及周边混凝土的残留及时进行清理。

8）混凝土振捣过程中应随时检查模板有无漏浆、变形，预埋件有无移位等，若变形或移位超出偏差，应及时采取补救措施。

9）带面砖或石材饰面的预制构件宜采用反打一次成形工艺生产。当饰面层采用面砖时，在模具中铺设面砖前应根据排砖图的要求进行配砖和加工；饰面砖应采用背面带有燕尾槽或粘接性能可靠的产品。当饰面层采用石材时，在模具中铺设石材前应根据排板图的要求进行配板和加工，并应按设计要求在石材背面钻孔、安装不锈钢卡钩、涂覆隔离层。采用具有抗裂性和柔韧性、收缩小且不污染饰面的材料嵌填面砖或石材之间的接缝，并应采取防止面砖或石材在安装钢筋、浇筑混凝土等生产过程中发生位移的措施。混凝土振捣宜采用振动台进行振捣，当采用振捣棒振捣时，应避免破坏饰面层。

10）夹心外墙板宜采用平模工艺生产，生产时应先浇筑外叶墙板混凝土层，再安装保温材料和拉接件，最后浇筑内叶墙板混凝土层，外叶墙和内叶墙混凝土浇筑间隔不宜超过表 2-14 的要求；当采用立模生产工艺时，应同步浇筑内外叶墙板混凝土层，并应采取措施确保保温材料及拉接件的位置准确。

表 2-14　外叶墙和内叶墙混凝土浇筑间隔时间　(min)

混凝土强度等级	气温	
	不高于 25℃	高于 25℃
C30 及以下	90	60
高于 C30	60	30

11）带门窗框或预埋管线的预制构件的生产注意事项：门窗框、预埋管线应在浇筑混凝土前预先放置并固定，固定时应采取防止门窗框或管线破坏及防止污染窗体表面的保护措施；当采用铝窗框时，应采取避免铝窗框与混凝土直接接触发生腐蚀的措施；应采取措施控制温度或受力变形。

53. 清水混凝土预制构件的制作应符合什么规定?

（1）预制构件的边角宜采用倒角或圆弧角。

（2）应控制原材料的质量和混凝土的配合比，并应保证每班生产构件的养护温度均匀一致。

（3）模具应满足设计对清水混凝土表面设计精度的要求。

（4）构件表面应采取针对清水混凝土的保护和防污染措施。出现的质量缺陷应采用专用材料进行修补，修补后的混凝土外观质量应满足设计要求。

54. 预制构件在拆模时应注意哪些问题?

（1）预制构件在拆模前，需要做同条件试块的抗压试验，试验结果达到一定要求后方可拆模。

（2）将拆下的边模由两人抬起轻放到边模清扫区，并送至钢筋骨架绑扎区域。

（3）拆卸下来的所有的工装、螺栓、各种零件等必须放到指定位置。

（4）模具拆除完毕后，将底模周围的卫生打扫干净。

（5）在用电动扳手拆卸侧模的紧固螺栓，打开磁盒磁性开关后将磁盒拆卸，确保都完全拆卸后将边模平行向外移出，防止边模在此过程中变形。

55. 预制构件脱模时应符合哪些要求?

（1）构件脱模应严格按照顺序拆除模具，不得使用振动方式拆模。

（2）构件拆模时应仔细检查确认预制构件与模具之间的连接部分，完全拆除后方可起吊。

（3）构件脱模起吊时，应根据设计要求或具体生产条件确定所需的同条件养护混凝土立方体抗压强度，且脱模混凝土强度应不宜小于15MPa。

（4）预制构件起吊应平稳，模板应采用专用多点吊架进行起吊，复杂预制构件应采用专门的吊架进行起吊。

（5）非预应力叠合楼板可采用桁架钢筋起吊，吊点的位置应根据计算确定。复杂预制构件需要设置临时固定工具，吊点和吊具应进行专门的设计。

56. 预制构件表面破损和裂缝处理方法有哪些?

预制构件脱模后，可根据破损及裂缝情况对构件进行处理，处理方法见表 2-15。

表 2-15　　预制构件表面破损和裂缝处理方法

项目	类　别	处理方法	检查依据和方法
破损	影响结构性能且不能恢复的破损	废弃	观察
	影响结构或安全性能的钢筋、连接件、预埋件锚固的破损	废弃	观察
	破损长度超过 20mm	修补 1	观察、卡尺测量
	破损长度 20mm 以下	现场修补	—
裂缝	影响结构性能且不可恢复的裂缝	废弃	裂缝观测仪、结构性能检测报告
	影响钢筋、连接件、预埋件锚固的结构或安全性能的裂缝	废弃	观察
	裂缝宽度大于 0.3mm 且裂缝长度超过 300mm	废弃	裂缝观测仪、钢圈尺
	裂缝宽度超过 0.2mm	修补 2	裂缝观测仪、钢圈尺
	宽度不足 0.2mm 且在外表面时	修补 3	裂缝观测仪

注　1. 修补浆料性能应符合现行行业规范《混凝土裂缝修补灌浆材料技术条件》（JG/T 333—2011）的相关要求，如有可靠依据，也可经论证认可的其他材料进行修补。

2. 修补 1：用不低于混凝土设计强度的专用修补浆料修补。

3. 修补 2：用环氧树脂浆料修补。

4. 修补 3：用专用防火浆料修补。

57. 预制构件的养护应注意哪些问题?

（1）预制构件浇筑完毕后应进行养护，可根据预制构件的特点选择自然养护、自然养护加养护剂或加热养护方式。

（2）加热养护制度应通过试验确定，宜在常温下预养护2～6h，升、降温度不应超过20℃/h，最高温度不宜超过70℃，预制构件脱模时的表面温度与环境温度的差值不宜超过25℃。

（3）夹芯保温外墙板采取加热养护时，养护温度不宜大于50℃，以防止保温材料变形造成对构件的破坏。

（4）预制构件脱模后可继续养护，养护可采用水养、洒水、覆盖和喷涂养护剂等一种或几种相结合的方式。

（5）水养和洒水养护的养护用水不应使用回收水，水中养护应避免预制构件与养护池水有过大的温差，洒水养护次数以能保持构件处于润湿状态为度，且不宜采用不加覆盖仅靠构件表面洒水的养护方式。

（6）当不具备水养或洒水养护条件或当日平均温度低于5℃时，可采用涂刷养护剂方式；养护剂不得影响预制构件与现浇混凝土面的结合强度。

58. 预制构件的表面应怎样进行处理?

（1）预制构件结合面处理。

1）露骨料粗糙面施工方法是在模板表面涂刷适量的缓凝剂，或者在预制构件需要露骨料的部位直接涂刷缓凝剂。在混凝土脱模或初凝后，采用高压充枪冲洗未凝结的水泥砂浆形成粗糙面。

2）在混凝土初凝后终凝前，用专用工具刻痕形成粗糙面。

3）在模板内表面作成榫槽结构。

（2）气泡处理。清理混凝土表面，用与原混凝土同配比减砂水泥砂浆刮补表面，待硬化后，用细砂纸均匀打磨，用水冲洗洁净。

（3）漏浆部位处理。清理混凝土表面松动砂子，用刮刀取界面剂的稀释液调制成颜色与混凝土基本相同的水泥腻子抹于需处理部位。待腻子终凝后用砂纸磨平，刮至表面平整，阳角顺直，喷水养护。

59. 预制构件的标识有什么要求?

预制构件检查合格后，应在构件上设置表面标识，标识内容包括构件编号、制作日期、合格状态、生产单位和监理签章等信息。

标识位置应便于检查。标识可采用手写、喷涂、印戳方式，也可事先打印卡片预埋或粘贴在构件表面。预制构件生产单位可根据工程情况，采用预埋芯片的方法，标识预制构件的产品信息。

第二节　装配式混凝土结构构件存放与保护

60. 预制构件存放应符合什么规定?

（1）预制构件的存放场地宜为混凝土硬化地面或经人工处理的自然地坪，应满足平整度和地基承载力要求，并应设有排水设施，堆放预制构件时应使构件与地面之间留有一定空隙。库区内应划区分别立标识牌，标明该区产品的种类产品的种类；库区的通道长宽度不宜小于800mm，当使用汽车吊运构件时应加宽通道，以满足其工作要求。

（2）预制构件入库应建立台账，并应详细记录工程名称、产品型号、数量及生产日期等信息；凡入库的预制构件应按照工程名称、型号和便于吊装出厂的顺序分别码放，因入库或吊运造成的不合格品应隔离码放。

（3）每垛预制构件之间应留有一定距离，相邻来拿两垛之间的距离不宜小于200mm，堆垛时预制构件编号应置于明显可见的位置；多层码放时上下垫木的位置应对齐且应便于操作；预制构件存放过程中支点位置应设置合理；预制柱、梁等细长构件宜平放且用两条垫块支撑；预制楼板、阳台板、叠合板和看台板等宜平放，叠放存储层数不宜超过规范规定；预制内、外墙板等竖向码放时，宜采用专用支架直立堆放，支架应有足够的强度和刚度，并应支垫稳固，预制构件的上部宜使用垫木隔离。

（4）库管员应经常检查库区预制构件，发现库区场地下沉、倾斜等异常现象时应立即上报或处理。库管员应每日核对出入库数量及存量，且应做到账物相符，不得错发。

（5）经初验合格和有合格标识的预制构件方可入库，未经初验、初验不合格或是无标识的预制构件不得入库。

61. 预制构件在存放时应注意哪些问题？

（1）预制楼板、阳台板、楼梯构件宜平放，吊环向上，标识向外，堆垛高度应根据预制构件与垫板木的承载能力、堆垛的稳定性及地基承载力等确定；各层垫木的位置应在一条垂直线上。

（2）外墙板、内墙板宜采用托架对称立放，其倾斜角度应保持大于80°，相邻预制构件需用柔性垫层分隔开。柱、梁等细长预制构件宜平放且使用垫木支撑，以避免碰撞损坏。

（3）外墙门框、窗框和带外装饰材料的表面宜采用塑料贴膜或者其他防护措施；预制墙板门窗洞口线宜用槽型木框保护。

（4）预制楼梯踏步口宜设木条或其他覆盖形式保护。

（5）预制构件存放2m内不应进行电焊、气焊作业，以免污染产品。露天堆放时，预制构件的预埋铁件应有防止锈蚀的措施，易积水的预留、预埋孔洞等应采取封堵措施。

62. 预制构件运输应符合什么规定?

(1) 预制构件在运输前，应制订预制构件运输方案。其运输方案内容应包括运输方式、运输路线的选择、运输工具的配置、承运人员配置和预制构件的保护措施。

(2) 预制构件运输时，应绑扎牢固，防止移动或倾倒，搬运托架、车厢板和预制混凝土构件间应放入柔性材料，预制构件边角或者锁链接触部位的混凝土应采用柔性垫衬材料保护；运输细长、异形等易倾覆预制构件时，行车应平稳，并应采取临时加固措施。

(3) 宜选用低平板车运输预制构件，其装车支撑位置应根据计算确定。

(4) 装车时应确保车辆和场地承载对称均匀，避免在装车或卸车时发生倾覆。

(5) 设计为水平受力和细长的杆类预制构件宜采用水平运输，其装运层以车辆和道路荷载、预制构件的特点及承载能力、行车路线并经桥梁限高等综合因素确定。

(6) 预制夹芯墙板宜采用专用支架垂直运输方式，支架应与运输车辆固定。

(7) 装车完毕，应采用辊绳将预制构件与支架和车辆固定，辊绳与预制构件边角处应垫上钢包角。

(8) 运输车辆应严格遵守交通规则，行驶速度不宜超过60km/h，遇有泥泞和坑洼处，应减速慢行。

(9) 卸车时吊车臂起落必须平稳、低速，避免对预制构件造成损坏。

63. 预制混凝土构件运输时应注意哪些问题?

(1) 预制混凝土构件运输宜选用低平板车，并采用专用托架，构件与托架绑扎牢同。

（2）预制混凝土梁、楼板、阳台板宜采用平放运输；外墙板宜采用竖直立放运输；柱可采用平放运输，当采用立放运输时应防止倾覆。

（3）预制混凝土梁、柱构件运输时平放不宜超过2层。

（4）搬运托架、车厢板和预制混凝土构件间应放入柔性材料，构件应用钢丝绳或夹具与托架绑扎，构件边角或锁链接触部位的混凝土应采用柔性垫衬材料保护。

64. 清水混凝土预制构件的保护应注意哪些问题？

清水混凝土预制构件应建立严格有效的保护制度，明确保护内容，制订专项防护措施方案，全过程进行防尘、防油、防污染、防破损。对于有外露锈蚀部分的埋件或连接件要特别加强保护。

清水混凝土预制构件养护水及覆盖物应清洁，不得污染预制构件表面；运输过程中必须采取适当的防护措施，防止损坏或污染其表面。

第三节　装配式混凝土结构构件质量验收

65. 预制构件应进行哪些方面的质量检查？

（1）预制构件的混凝土强度。

（2）预制构件的标识。

（3）预制构件的外观质量、尺寸偏差。

（4）预制构件的预埋件、插筋、预留孔洞的规格、位置及数量。

（5）结构性能检验应符合国家标准《混凝土结构工程施工质量验收规范》（GB 50204—2015）的相关规定。

66. 预制构件的外观质量判定方法有什么规定？

预制构件的外观质量判定方法应符合表2-16的规定。

表 2-16 预制构件外观质量判定方法

项目	现 象	质量要求	判定方法
露筋	钢筋未被混凝土完全包裹而外露	受力主筋不应有，其他构造钢筋和箍筋允许少量有	观察
蜂窝	混凝土表面石子外露	受力主筋部位和支撑点位置不应有，其他部位允许少量	观察
孔洞	混凝土中孔穴深度和长度超过保护层厚度	不应有	观察
夹渣	混凝土中夹有杂物且深度超过保护层厚度	禁止夹渣	观察
内、外形缺陷	内表面缺棱掉角、表面翘曲、抹面凹凸不平，外表面面砖黏结不牢、位置偏差、面砖嵌缝没有达到横平竖直，转角面砖棱角不直、面砖表面翘曲不平	内表面缺陷基本不允许，要求达到预制构件允许偏差；外表面仅允许极少量缺陷，但禁止面砖黏结不牢，位置偏差、面砖翘曲不平不得超过允许值	观察
内、外形表面缺陷	内表面麻面、起砂、掉皮、污染，外表面面砖污染、窗框保护纸破坏	允许少量污染及不影响结构使用功能和结构尺寸的缺陷	观察
连接部位缺陷	连接处混凝土缺陷及连接钢筋、拉结件松动	不应有	观察
破损	影响外观	影响结构性能的破损不应有，不影响结构性能和使用功能的破损不宜有	观察
裂缝	裂缝贯穿保护层到达构件内部	影响结构性能的裂缝不应有，不影响结构性能和使用功能的裂缝不宜有	观察

67. 预制构件的尺寸允许偏差及检验方法有什么规定?

预制构件的允许尺寸偏差及检验方法应符合表 2-17 的规

定。预制构件有粗糙面时，与粗糙面相关的尺寸允许偏差可适当放松。

表 2-17　　预制构件的尺寸允许偏差及检验方法

项　目			允许偏差/mm	检验方法
长度	板、梁、柱、桁架	<12m	±5	尺量检查
		≥12m 且<18m	±10	
		≥18m	±20	
	墙板		±4	
宽度、高（厚）度	板、梁、柱、桁架截面尺寸		±5	钢尺量一端及中部，取其中偏差绝对值较大处
	墙板的高度、厚度		±3	
表面平整度	板、梁、柱、墙板内表面		5	2m 靠尺和塞尺检查
	墙板外表面		3	
侧向弯曲	板、梁、柱		L/750 且≤20	拉线、钢尺量最大侧向弯曲处
	墙板、桁架		L/1000 且≤20	
翘曲	板		L/750	调平尺在两端量测
	墙板		L/1000	
对角线	板		10	钢尺量两个对角线
	墙板、门窗口		5	
挠度变形	梁、板、桁架设计起拱		±10	拉线、钢尺量最大弯曲处
	梁、板、桁架下垂		0	
预留孔	中心线位置		5	尺量检查
	孔尺寸		±5	
预留洞	中心线位置		10	尺量检查
	洞口尺寸、深度		±10	
门窗口	中心线位置		5	尺量检查
	宽度、高度		±3	

续表 2-17

项目		允许偏差/mm	检验方法
预埋件	预埋件锚板中心线位置	5	尺量检查
	预埋件锚板与混凝土面平面高差	0，−5	
	预埋螺栓中心线位置	2	
	预埋螺栓外露长度	+10，−5	
	预埋套筒、螺母中心线位置	2	
	预埋套筒、螺母与混凝土面平面高差	0，−5	
	线管、电盒、木砖、吊环在构件平面的中心位置偏差	20	
	线管、电盒、木砖、吊环与构件表面混凝土高差	0，−10	
预留插筋	中心线位置	3	尺量检查
	外露长度	+5，−5	
键槽	中心线位置	5	尺量检查
	长度、宽度、深度	±5	

注　1. L 为构件最长边的长度（mm）。
2. 检查中心线、螺栓和孔道位置偏差时，应沿纵横两个方向量测，并取其中偏差较大值。

68. 梁柱类预制构件外形尺寸允许偏差及检验方法有什么规定?

梁柱类构件外形尺寸允许偏差及检验方法见表 2-18。

表 2-18　梁柱类构件外形尺寸允许偏差及检验方法

序号	项次		允许偏差/mm		检查方法
1	外形尺寸	长度	柱	+5，−10	尺量
			梁	±5	
2		截面宽度	±5		尺量
3		截面高度	±5		尺量

续表

序号	项次		允许偏差/mm		检查方法
4	外形尺寸	表面平整度	模具面	3	2m 靠尺和金属塞尺测量
			抹平面	5	
5		侧向弯曲	$L/1000$ 且≤10		拉线，直尺量测最大弯曲处
6		翘曲	$L/1000$ 且≤5		调平尺在两端量测
7		装饰线宽度	±2		尺量
8	预埋件	安装用吊环	中心线位置	10	尺量
			外露长度	+10，0	
9		预制内螺母	中心线位置	10	
			与混凝土平面高差	0，−5	
10		预埋木砖	中心线位置	10	
11		预埋钢板	中心线位置与混凝土平面高差	5	
			与混凝土平面高差	0，−5	
12	预留孔洞	中心线位置		5	尺量
		洞口尺寸 5		+10，0	
13	结构安装用	套筒	中心线偏移	2	尺量
			与混凝土平面高差	0，−5	
		螺栓	中心线偏移	2	
			外露长度	+10，0	
		预埋内螺母	中心线偏移	2	
14	主筋外留长度		竖向主筋（套筒连接用）	+10，0	尺量
			竖向主筋	+10，−5	
			水平钢筋（箍筋）	+10，−5	
15	主筋保护层厚度		+5，−3		尺量

注 1. L 为构件长度（mm）。

2. 检查中心线和孔洞尺寸偏差时，沿纵、横两个方向测量，并取其中偏差较大值。

69. 楼板类构件外形尺寸允许偏差及检验方法有什么规定?

楼板类构件外形尺寸允许偏差及检验方法见表 2-19。

表 2-19　楼板类构件外形尺寸允许偏差及检验方法

<table>
<tr><th>序号</th><th colspan="2">项　次</th><th colspan="2">允许偏差/mm</th><th>检验方法</th></tr>
<tr><td rowspan="3">1</td><td rowspan="10">外形尺寸</td><td rowspan="3">长度</td><td><12m</td><td>±5</td><td rowspan="3">尺量</td></tr>
<tr><td>>12m 且<18m</td><td>±10</td></tr>
<tr><td>楼梯板</td><td>±5</td></tr>
<tr><td>2</td><td>宽度</td><td colspan="2">±5</td><td>尺量</td></tr>
<tr><td>3</td><td>厚度</td><td colspan="2">±3</td><td>尺量</td></tr>
<tr><td>4</td><td>对角线差值</td><td colspan="2">5</td><td>尺量两个对角线</td></tr>
<tr><td rowspan="2">5</td><td rowspan="2">表面平整度</td><td>模具面</td><td>3</td><td rowspan="2">2m 靠尺和金属塞尺测量</td></tr>
<tr><td>抹平面</td><td>4</td></tr>
<tr><td>6</td><td>侧向弯曲</td><td colspan="2">L/750 且≤10</td><td>拉线，直尺量测最大弯曲处</td></tr>
<tr><td>7</td><td>翘曲</td><td colspan="2">L/750 且≤5</td><td>调平尺在两端量测</td></tr>
<tr><td rowspan="2">8</td><td rowspan="8">预埋件</td><td rowspan="2">吊环</td><td>中心线位置</td><td>20</td><td rowspan="8">尺量</td></tr>
<tr><td>外露长度</td><td>±10</td></tr>
<tr><td rowspan="2">9</td><td rowspan="2">螺栓</td><td>中心线位置</td><td>5</td></tr>
<tr><td>外露长度</td><td>+10，−5</td></tr>
<tr><td rowspan="2">10</td><td rowspan="2">预埋钢板</td><td>中心线位置</td><td>5</td></tr>
<tr><td>与混凝土平面高差</td><td>0，−5</td></tr>
<tr><td rowspan="2">11</td><td rowspan="2">电线管、电线盒</td><td>水平方向中心线</td><td>20</td></tr>
<tr><td>垂直位置</td><td>+5，0</td></tr>
<tr><td rowspan="2">12</td><td colspan="2" rowspan="2">预留孔洞</td><td>中心线位置</td><td>5</td><td rowspan="2">尺量</td></tr>
<tr><td>洞口尺寸</td><td>+10，0</td></tr>
<tr><td>13</td><td colspan="2">主筋外留长度</td><td colspan="2">+10，−5</td><td>尺量</td></tr>
<tr><td>14</td><td colspan="2">主筋保护层厚度</td><td colspan="2">+5，−3</td><td>尺量</td></tr>
</table>

注　1. L 为构件长度（mm）。

2. 检查中心线和孔洞尺寸偏差时，沿纵、横两个方向测量，并取其中偏差较大值。

70. 墙板类构件外形尺寸允许偏差及检验方法有什么规定?

墙板类构件外形尺寸允许偏差及检验方法见表 2-20。

表 2-20　墙板类构件外形尺寸允许偏差及检验方法

序号	项次			允许偏差/mm	检验方法
1	外形尺寸	高度		±4	尺量
2		宽度		±5	尺量
3		厚度		±3	尺量
4		对角线差值		5	尺量两个对角线
5		门窗洞口	长度、宽度	±4	尺量
6			对角线差	4	
7			位置偏移	3	
8		表面平整度	模具面（外表面）	3	2m 靠尺和金属塞尺测量
			抹平面（内表面）	5	
9		侧向弯曲		$L/1000$ 且≤10	拉线，直尺量测最大弯曲处
10		翘曲		$L/1000$ 且≤5	调平尺在两端量测
11		装饰线条宽度		±2	尺量
12	预埋件	安装用吊环	中心线位置	10	尺量
			外露长度	+10，0	
13		预埋内螺母	中心线位置	10	
			与混凝土平面高差	0，−5	
14		预埋木砖	中心线位置	10	
15		预埋钢板	中心线位置	5	
			与混凝土平面高差	0，−5	
16	预留孔洞		中心线位置	5	尺量
			洞口位置	+10，0	

续表

序号	项次		允许偏差/mm		检验方法
17	结构安装用	套筒	中心线偏移	2	尺量
			与混凝土平面高差	0，−5	
		螺栓	中心线偏移	2	
			外露长度	+10，0	
		预埋内螺母	中心线偏移	2	
18	主筋外留长度		竖向主筋（套筒连接用）	+10，0	尺量
			竖向主筋	+10，−5	
			水平钢筋（箍筋）	+10，−5	
19	主筋保护层厚度		+5，−3		尺量

注 1. L 为构件长度（mm）。

2. 检查中心线和孔洞尺寸偏差时，沿纵、横两个方向测量，并取其中偏差较大值。

71. 预制混凝土构件外装饰外观应符合什么规定？

预制混凝土构件外装饰外观除应符合表 2-21 的规定外，还应符合《建筑装饰装修工程质量验收规范》（GB 50210—2010）的规定。

表 2-21 预制构件外装饰允许偏差

种类	项目	允许偏差/mm	检查方法
通用	表面平整度	2	2m 靠尺或塞尺检查
石材和面砖	阳角方正	2	用托线板检查
	上口平直	2	拉通线用钢尺检查
	接缝平直	3	用钢尺或塞尺检查
	接缝深度	±2	
	接缝宽度	±2	用钢尺检查

72. 预埋在构件中的门窗附框应符合什么规定?

预埋在构件中的门窗附框除应符合现行国家标准《建筑装饰装修工程质量验收规范》(GB 50210—2001)的规定外，安装位置允许偏差尚应符合表2-22的规定。

表2-22　门框和窗框安装位置允许偏差

项　目	允许偏差/mm	检验方法
门窗框定位	±1.5	钢尺检查
门窗框对角线	±1.5	钢尺检查
门窗框水平线	±1.5	钢尺检查

73. 预制构件的外观质量缺陷有哪些?

预制构件的外观质量缺陷不应出现表2-23中所列影响结构性能、安装和使用功能的缺陷。

表2-23　预制构件外观质量缺陷

名称	外观现象	严重缺陷	一般缺陷
露筋	预制构件内钢筋未被混凝土包裹而外露	纵向受力钢筋有露筋	其他钢筋有少量漏筋
蜂窝	混凝土表面缺少水泥砂浆而形成石子外露	构件主要受力部位有蜂窝	其他部位有少量蜂窝
孔洞	混凝土中孔穴深度和长度均超过保护层厚度	构件主要受力部位有孔洞	其他部位有少量孔洞
夹渣	混凝土中夹有杂物且深度超过保护层厚度	构件主要受力部位有夹渣	其他部位有少量夹渣
疏松	混凝土中局部不密实	构件主要受力部位有疏松	其他部位有少量疏松
裂缝	缝隙从混凝土表面延伸至混凝土内部	构件主要受力部位有影响结构性能或使用功能的裂缝、裂缝宽度大于0.3mm且裂缝长度超过300mm	其他部位有少量不影响使用功能的外表缺陷

续表

名称	外观现象	严重缺陷	一般缺陷
破损	预制构件连接处混凝土缺陷及连接钢筋、连接	构件主要受力部位有影响结构功能、使用功能的破损；影响钢筋、连接件、预埋件锚固的破损	其他部位有少量不影响结构性能或使用功能的破损
连接部位缺陷	预制构件连接处混凝土缺陷及连接钢筋、连接件松动，灌浆套筒堵塞、偏位，灌浆孔洞堵塞、偏位、破损等	构件主要受力部位有影响结构性能或使用功能的缺陷	其他主要受力部位有影响结构性能或使用功能的缺陷
外形缺陷	缺棱掉角、棱角不直、翘曲不平、飞出凸肋等，装饰面砖黏结不牢、表面不平、砖缝不顺直等	缺棱掉角、棱角不直、翘曲不平、飞出凸肋等，装饰面砖黏结不牢、表面不平、砖缝不顺直等	其他混凝土构件有不影响使用功能的外形缺陷
外表缺陷	预制构件表面麻面、掉皮、起砂、沾污等	具有重要装饰效果的清水混凝土构件有外表缺陷	其他混凝土构件有不影响使用功能的外表缺陷

74. 预制构件表面质量问题怎样处理?

预制构件表面质量问题处理方案见表 2-24。

表 2-24　预制构件表面破损和裂缝处理方案的判定依据

项目	情　况	处理方案	检查依据及方法
破损	（1）影响结构性能且不能恢复的破损	废弃	目测
	（2）影响钢筋、连接件、预埋件锚固的破损	废弃	目测
	除（1）、（2）以外的，破损长度 20mm 以下	现场修补	目测、卡持测量
	除（1）、（2）以外的，破损长度超过 20mm	一般破损修补方法	目测、卡尺测量

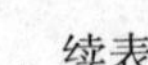

续表

项目	情　况	处理方案	检查依据及方法
裂缝	（1）影响结构性能且不能恢复的裂缝	废弃	目测
	（2）影响钢筋、连接件、预埋件锚固的裂缝	废弃	目测
	（3）裂缝宽度大于0.3mm，且裂缝长度超过300mm	废弃	目测、卡持测量
	除（1）、（2）、（3）以外的，裂缝宽度超过0.3mm	填充密封法	目测、卡持测量
	除（1）、（2）、（3）以外的，宽度不足0.2mm且在外表面时	表面修补法	目测、卡持测量
植筋	（1）影响结构性能且不能恢复的缺少钢筋	废弃	目测
	（2）非影响结构性能且数量极个别的缺少钢筋	植筋修补方法	目测
预埋件偏位及漏放	（1）影响结构性能且不能恢复的预埋件偏位及漏放	废弃	目测
	（2）非影响结构性能且数量极个别的预埋件偏位及漏放	预埋件偏位及漏放修补方法	目测

75. 预制构件灌浆套筒的位置和外露钢筋的允许偏差及检验方法有什么规定?

预制构件拆模后，灌浆套筒的位置及外露钢筋位置、长度偏差应符合表2-25的规定。

表2-25　预制构件灌浆套筒和外露钢筋的允许偏差及检验方法

项　目		允许偏差/mm	检验方法
灌浆套筒中心位置		+2 0	尺量
外露钢筋	中心位置	+2 0	
	外露长度	+10 0	

预制构件出厂前，应对灌浆套筒的灌浆料和出浆孔进行透光检查，并清理灌浆套筒内的杂物。

76. 预制构件的合格证主要包括哪些内容?

（1）合格证编号、构件编号。

（2）产品数量。

（3）构件类型。

（4）质量情况。

（5）生产企业名称、生产日期、出厂日期。

（6）检察员签名或盖章（可用检查员代号表示）。

预制构件的出厂合格证见表 2-26。

表 2-26　　预制混凝土构件出厂合格证

<table>
<tr><td colspan="3">预制混凝土构件出厂合格证</td><td>资料编号</td><td colspan="2"></td></tr>
<tr><td>工程名称及使用部位</td><td colspan="2"></td><td>合格证编号</td><td colspan="2"></td></tr>
<tr><td>构件名称</td><td></td><td>型号规格</td><td></td><td>供应数量</td><td></td></tr>
<tr><td>制造厂家</td><td></td><td></td><td>企业等级证</td><td colspan="2"></td></tr>
<tr><td>标准图号或
设计图纸号</td><td></td><td></td><td>混凝土设计强度
等级</td><td colspan="2"></td></tr>
<tr><td>混凝土浇筑日期</td><td colspan="2"></td><td>构件出厂日期</td><td colspan="2"></td></tr>
<tr><td rowspan="12">性能检验评定结果</td><td colspan="2">混凝土抗压强度</td><td colspan="3">主筋</td></tr>
<tr><td>试验编号</td><td>达到设计强度
（%）</td><td>试验编号</td><td>力学性能</td><td>工艺性能</td></tr>
<tr><td></td><td></td><td></td><td></td><td></td></tr>
<tr><td colspan="2">外观</td><td colspan="3">面层装饰材料</td></tr>
<tr><td>质量状况</td><td>规格尺寸</td><td>试验编号</td><td colspan="2">试验结论</td></tr>
<tr><td></td><td></td><td></td><td colspan="2"></td></tr>
<tr><td colspan="2">保温材料</td><td colspan="3">保温连接件</td></tr>
<tr><td>试验编号</td><td>试验结论</td><td>试验编号</td><td colspan="2">试验结论</td></tr>
<tr><td></td><td></td><td></td><td colspan="2"></td></tr>
<tr><td colspan="2">钢筋连接套筒</td><td colspan="3">结构性能</td></tr>
<tr><td>试验编号</td><td>试验结论</td><td>试验编号</td><td colspan="2">试验结论</td></tr>
<tr><td></td><td></td><td></td><td colspan="2"></td></tr>
</table>

续表

备注		结论：
供应单位技术负责人	填表人	供应单位名称 （盖章）
填表日期：		

77. 预制构件出厂检查有什么规定？

（1）预制构件出厂前，应按照产品出厂质量管理流程和产品检查标准检查预制构件，检查合格后方可出厂。

（2）当预制混凝土构件质量验收符合质量检查标准时，构件质量评定为合格。

（3）预制混凝土构件质量经检验，不符合相关要求，但不影响结构性能、安装和使用时，允许进行修补处理。修补后应重新进行检验，符合要求后，修补方案和检验结果应记录存档。

（4）当预制构件出厂检验符合要求时，预制构件质量评定为合格产品（准用产品），南监理单位对预制构件签发产品质量证明书（合格证或准用证）。

第三章 装配式混凝土结构施工技术

第一节 装配式混凝土结构施工一般规定

78. 装配式混凝土结构在施工前应做好哪些准备工作?

装配式混凝土结构在施工前，应充分做好人员、材料、机械、吊具、场内运输、构件存放及吊装支撑准备等。

（1）人员准备主要是对管理人员、吊装工人、灌浆作业等特殊工序的操作人员进行专项培训，明确工艺操作要点、工序以及施工操作中的安全要素。

（2）材料准备主要是指施工中预制构件的安装支撑体系、模板体系以及构件连接灌浆材料等应在施工前预先购置或租赁。

（3）装配式混凝土结构以构件吊装为施工的重点环节，构件吊装过程中吊装设备和吊具的选择至关重要。

（4）装配式混凝土结构施工前，应根据工程的具体情况，对施工现场的布置应充分考虑预制构件的场内运输及场内构件的存放地、存放量等实际要求。

（5）在装配式混凝土结构吊装前，吊装工艺及安装操作要点均应在预制构件吊装专项施工方案中写明，并在实体工程吊装前完成所有的施工准备工作。

79. 装配式混凝土结构施工前应注意哪些事项?

（1）装配式混凝土结构施工前，应编制施工组织设计和专项施工方案，以便于合理安排施工场地布置、施工工序及施工工艺，同时应完成或配合完成深化设计任务。施工组织设计的内容应符合现行国家标准《建筑施工组织设计规范》（GB/T 50502—2001）的规定。专项施工方案所涉及的内容包括：塔吊的布置及附墙、预制构件吊装及临时支撑方案、后浇部分钢筋绑扎及混凝土浇筑方案、构件安装质量及安全控制方案；若是采用钢筋套筒灌浆接头连接工艺，应对此工艺编制专项施工方案，明确钢筋灌浆连接接头操作要点及质量控制措施。

（2）预制构件吊运前，施工单位应制订专项吊装、运输等方案。吊装方案应包括预制构件进场运输路线及堆放场所、构件进场卸车的起重设备、吊具、吊点等工序的要点说明及预制构件安装过程中的吊运工序要点、注意事项等。预制构件在吊运过程中严格遵循吊运规定、谨慎操作，构件的成品保护对保证吊运安全有着重要意义。

80. 起重吊装专项施工方案的编制包括哪几个阶段?

起重吊装专项施工方案的编制一般包括准备、编写、审批三个阶段。

（1）准备阶段。由施工单位专业技术人员收集与装配整体式混凝土结构起重作业有关的资料，确定施工方法和工艺，必要时还应召开专题会议对施工方法和工艺进行讨论。

（2）编写阶段。专项施工方案由施工单位组织专人或小组，根据确定的施工方法和工艺编制，编制人员应具有专业中级以上技术职称。

（3）审核阶段。专项施工方案应由施工单位技术部门组织本单位施工技术、安全、质量等部门的专业技术人员进行审核。经审核合格后，由施工单位技术负责人签字。实行总承包的，专项施工方案应当由总承包单位技术负责人及相关专业承包单位技术负责人签字。经施工单位审核合格后报监理单位，由项目总监理工程师审核签字。

81. 起重吊装专项施工方案包括哪些内容?

（1）编制说明及依据。编制说明包括被吊构件的工艺要求和作用，被吊构件的质量、重心、几何尺寸、施工要求、安装部位等。编制依据列出所依据的法律法规、规范性文件、技术标准、施工组织设计和起重吊装设备的使用说明等，采用电算软件的，应说明方案计算使用的软件名称、版本。

（2）工程概况。简单描述工程名称、位置、结构形式、层高、建筑面积、起重吊装位置、主要构件质量和形状、进度要求等。主要说明施工平面布置、施工要求和技术保证条件。

（3）施工部署。包括施工进度计划、吊装任务的内容，根据吊装能力分析吊装时间与设备计划，根据工程量和劳动定额编制劳动力计划，包括专职安全员生产管理人员、特种作业人员（司机、信号指挥、司索工）等。

（4）施工工艺。详细描述运输设备、吊装设备选型理由、吊装设备性能、吊具的选择、验算预制构件强度、清查构件、查看运输线路、运输、堆放和拼装、吊装顺序、起重机械开行路线、起吊、就位、临时固定、校正、最后固定等。

（5）安全保证措施。根据现场实际情况分析吊装过程中应注意的问题，描述安全保障措施。

（6）应急措施。描述吊装过程中可能遇到的紧急情况和应采取的应对措施。

（7）计算书及相关图纸。主要包括起重机的型号选择验算、预制构件的吊装吊点位置和强度裂缝宽度验算、吊具的验算校正和临时固定的稳定验算、地基承载力的验算、吊装的平面布置图、开行路线图、预制构件卸载顺序图等。

82. 预制构件的吊装应符合哪些规定?

（1）吊装使用的起重机设备应按施工方案配置到位，并经检验验收合格。

(2) 预制构件吊装前，应根据构件的特征、重量、形状等选择合适的吊装方式和配套的吊具。

(3) 吊装用钢丝绳、吊带、卸扣、吊钩等吊具应经检验合格，并在额定范围内使用。

(4) 吊装作业前应先进行试吊，确认可靠后方可进行正式作业。

(5) 吊装施工的吊索与预制构件水平夹度不宜小于60°，不应小于45°并保证吊车主钩位置、吊具及预制构件重心在竖直方向重合。

(6) 竖向预制构件起吊点不应少于2个，预制楼板起吊点不应少于4个，跨度大于6m的预制楼板起吊点不宜少于8个。

(7) 预制构件在吊运过程中应保持平衡、稳定，吊具受力应均衡。

83. 对构件吊装专用的吊具有什么规定?

预制构件吊具的采用主要是指吊装平衡钢梁或平衡吊具的使用。实际施工中，是否采用平衡钢梁或平衡吊具取决于预制构件采用的吊点形式。

预制构件采用预埋吊环，当出现构件重心与吊点位置有偏差时，采用平衡吊具对吊装过程中预制构件的平稳有益；而采用Ⅰ型螺栓等预埋吊具时，由于使用了专用吊具，对是否采用平衡反而不太敏感。

板式水平构件特别是较薄的叠合类构件，通常将吊点设置在钢筋桁架的固定位置，如果不采用平衡吊具起吊，将可能造成构件旋转、开裂等隐患，这类构件的吊装一般采用平衡吊具起吊。

吊具采用吊装平衡梁及专用楼梯吊耳等，有利于保证各类预制构件在吊装过程中的操作。

84. 装配式混凝土结构施工验算时应注意哪些问题?

(1) 装配式混凝土结构施工前，应根据设计要求和施工方案进行必要的施工验算。

(2) 预制构件在脱模、吊运、运输、安装等环节的施工验算，应将构件自重标准值乘以脱模吸附系数或动力系数作为等效荷载标准值，并应符合下列规定。

1) 脱模吸附系数宜取 1.5，也可根据构件和模具表面的状况进行增减；复杂情况下，脱模吸附系数宜根据试验确定。

2) 构件吊运、运输时，动力系数宜取 1.5；构件翻转及安装过程中就位、临时固定时，动力系数可取 1.2。当有可靠经验时，动力系数可根据实际受力情况和安全要求进行增减。

(3) 预制构件的施工验算应符合设计要求。当设计无具体要求时，宜符合下列规定。

1) 钢筋混凝土和预应力混凝土构件正断面边缘的混凝土法向压应力，应满足下式的要求

$$\sigma_{cc} \leqslant 0.8 f'_{ck}$$

式中 σ_{cc}——各施工环节在荷载标准组合作用下产生的构件正断面边缘混凝土法向压应力（MPa），可按毛断面计算；

f'_{ck}——与各施工环节的混凝土立方体抗压强度相应的抗压强度标准值（MPa）。

2) 钢筋混凝土和预应力混凝土构件正断面边缘的混凝土法向拉应力，宜满足下式的要求

$$\sigma_{ct} \leqslant 1.0 f'_{tk}$$

式中 σ_{ct}——各施工环节在荷载标准组合作用下产生的构件正断面边缘混凝土法向拉应力（MPa），可按毛断面计算；

f'_{tk}——与各施工环节的混凝土立方体抗压强度相应的抗

拉强度标准值（MPa）。

3）预应力混凝土构件的端部正断面边缘的混凝土法向拉应力可适当放松，但不应大于$1.2f'_{tk}$。

4）施工过程中允许出现裂缝的钢筋混凝土构件，其正断面边缘的混凝土法向拉应力限值可适当放松，但开裂断面处受拉钢筋的应力应满足下式的要求

$$\sigma_s \leqslant 0.7f_{yx}$$

式中 σ_s——各施工环节在荷载标准组合作用下产生的构件受拉钢筋应力，应按开裂断面计算（MPa）；

f_{yx}——受拉钢筋强度标准值（MPa）。

5）叠合式受弯构件还应符合《混凝土结构设计规范》（GB 50010—2010）的有关规定。

在叠合层施工阶段的验算中，作用在叠合板上的施工活荷载标准值可按实际情况计算，且取值不宜小于$1.5kN/m^2$。

（4）预制构件中的预埋吊件及临时支撑，宜按下式进行计算

$$K_cS_c \leqslant R_c$$

式中 K_c——施工安全系数，可按表3-1的规定取值；当有可靠经验时，可根据实际情况进行增减；

S_c——施工阶段荷载标准组合作用下的效应值；

R_c——按材料强度标准值计算或根据试验确定的预埋吊件、临时支撑、连接件的承载力；对复杂或特殊情况，宜通过试验确定。

表3-1 预埋吊件及临时支撑的施工安全系数K_c

项目	施工安全系数K_c
临时支撑	2
临时支撑的连接件预制构件中用于连接临时支撑的预埋件	3
普通预埋吊件	4
多用途的预埋吊件	5

85. 预制构件在进场检查时应注意哪些问题?

预制构件是在工厂预先制作，现场进行组装，组装时需要较高的精度，同时每个预制构件具有唯一性，一旦某个预制构件有缺陷，势必会对整个组装工程质量、进度、成本造成影响。因此，必须对预制构件进行严格的进场检查。预制构件进场时必须有预制构件厂的出厂检查记录。

预制构件进场前，应检查构件出厂质量合格证明文件或质量检验记录，所有检查记录和检验合格单必须签字齐全、日期准确。预制构件的外观质量不应有严重缺陷。预制构件用钢筋连接套筒应有质量证明文件和抗拉强度检验报告，并应符合《钢筋套筒灌浆连接应用技术规程》（JGJ 355—2015）的相关规定。

首批进场构件（预制剪力墙、预制梁、预制叠合楼板、预制楼梯）必须进行一般项目的全数检查，首批进场构件检查全部合格。后续进场构件每批进场数量不超过 100 件为一批，每批应随机抽查构件数量的 5%，且不应少于 3 件。

预制剪力墙构件套筒灌浆孔是否畅通必须进行全数 100% 检查。

预制构件检验的一般项目包括：长（高）、宽、厚、对角线差、表面平整度、侧向弯曲、翘曲、预埋件定位尺寸、预留洞口位置、结构安装用套筒、螺栓、预埋内螺母、主筋外留长度、主筋保护层厚度、灌浆孔畅通等。

86. 预制构件安装前的准备工作有哪些?

（1）应核对预制构件的混凝土强度，以及预制构件和配件的型号、规格、数量等是否符合设计要求。

（2）应在已施工完成结构及预制构件上进行测量放线，并应设置安装定位标志；应确认吊装设备及吊具处于安全操作状态；应核实现场环境、天气、道路状况是否满足吊装施工要求。

第二节　装配式混凝土结构构件测量定位

87. 装配式混凝土结构施工测量应符合什么规定?

装配式混凝土结构施工测量应编制专项施工方案，除应符合现行国家标准《混凝土结构工程施工质量验收规范》(GB 50204—2015)、《混凝土结构工程施工规范》(GB 50666—2011) 和《装配式混凝土结构技术规程》(JGJ 1—2014) 的规定外，还应符合下列规定。

(1) 测量前应收集有关测量资料，熟悉施工设计图纸，明确设计对各分项工程施工精度和质量控制的要求。

(2) 构件吊装前的测量，应在构件和相应的支承结构上设置中心线和标高，按设计要求校核预埋件及连接钢筋的数量、位置、尺寸和标高，并做好标识。

(3) 每层楼面轴线垂直控制点不宜少于 4 个，楼层上的控制线应由底层原始点向上传递引测。

(4) 每个楼层应设置不少于 1 个高程引测控制点。

(5) 预制构件安装位置线应由控制线引出，每件预制构件应设置纵、横控制线。

(6) 现浇结构尺寸的允许偏差控制值应能满足预制构件安装的要求，并采用与之配合的测量设备和控制方法。

(7) 钢筋加工和安装位置的允许偏差值应能满足预制构件安装和连接的要求，并应采用相匹配的钢筋设备、定位工具和控制方法。

(8) 现浇结构模板安装的允许偏差和表面质量控制标准应与预制构件协调一致，并采用相匹配的模板类型和控制措施。

88. 装配式混凝土结构建筑的外墙垂直度在测量时应注意些什么?

建筑物外墙垂直度的测量，宜采用投点法进行观测。在建筑物大角上设置上下两个标志点作为观测点，上部观测点随楼层的升高逐步提升，用经纬仪观测建筑物的垂直度并做好记录。观测时应在底部观测点位置安置水平读数尺等测量设施，在每个观测点安置经纬仪投影时应按正倒镜法测出每对观测点标志间的水平位移分量，按矢量相加法求得水平位移值和位移方向。

89. 预制墙板在测量前应注意些什么?

预制墙板安装起吊前，应在墙板上的内侧弹出竖向与水平安装线，竖向与水平安装线应与楼层安装位置线相符合。采用饰面砖装饰时，相邻板与板之间的饰面砖缝应对齐。

在水平和竖向构件上安装预制墙板时，宜在构件上设置标高调节件。

第三节 装配式混凝土结构施工技术

90. 预制梁的吊装施工流程是怎样的?

预制梁的吊装施工流程如图 3-1 所示。

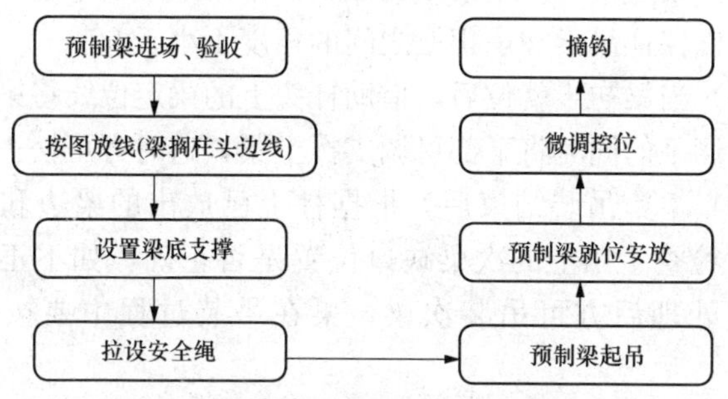

图 3-1 预制梁的吊装施工流程

预制梁的吊装示意如图 3-2 所示。

图 3-2 预制梁的吊装示意

91. 预制梁的施工要点有哪些?

(1) 测出柱顶与梁底标高误差，在柱上弹出梁边控制线。

(2) 在构件上标明每个构件所属的吊装顺序和编号，便于吊装工人辨认。

(3) 梁底支撑采用立杆支撑＋可调顶托＋100mm×100mm 木方，预制梁的标高通过支撑体系的顶丝来调节。

(4) 梁起吊时，用吊索钩住扁担梁的吊环，吊索应有足够的长度以保证吊索和扁担梁之间的角度不小于60°。

(5) 当梁初步就位后，借助柱头上的梁定位线将梁精确校正，在调平的同时将下部可调支撑上紧，这时方可松去吊钩。

(6) 主梁吊装结束后，根据柱上已放出的梁边和梁端控制线，检查主梁上的次梁缺口位置是否正确，如不正确，需做相应处理后方可吊装次梁，梁在吊装过程中要按柱对称吊装。

(7) 预制梁板柱接头连接。

键槽混凝土浇筑前应将键槽内的杂物清理干净，并提前24h 浇水湿润。

键槽钢筋绑扎时，为确保钢筋位置的准确，键槽预留 U 形开口箍，待梁柱钢筋绑扎完成后，在键槽上安装 U 形开口箍与原预留 U 形开口箍双面焊接 $5d$（d 为钢筋直径）。

92. 预制梁在安装时应符合哪些要求？

（1）梁吊装顺序应遵循先主梁后次梁，先高后低的原则。

（2）预制梁安装前应测量并修正柱顶标高，确保与梁底标高一致，柱上弹出梁边控制线。

（3）预制梁安装前应复核柱钢筋与梁钢筋位置、尺寸，对梁钢筋与柱钢筋安装有冲突的，应按经设计部门确认的技术方案调整。梁柱核心区箍筋应按设计文件要求进行。

（4）预制梁安装过程中应设置临时支撑，并应符合下列规定。

1）临时支撑位置应符合设计要求；设计无要求时，长度小于等于 4m 的预制梁应设置不少于 2 道垂直支撑，长度大于 4m 的预制梁应设置不少于 3 道垂直支撑。

2）梁底支撑标高调整宜高出梁底结构标高 2mm，应保证支撑充分受力并撑紧支撑架后方可松开吊钩。

3）叠合梁应根据构件类型、跨度来确定后浇筑混凝土支撑件的拆除时间，强度达到设计要求后方可承受全部设计荷载。

（5）预制梁安装就位后，应对水平度、安装位置、标高等进行检查。根据控制线对梁端和两侧进行精密调整，误差控制在 2mm 以内。

（6）预制梁安装时，主梁和次梁伸入支座的长度和搁置长度应符合设计要求。

（7）预制次梁与预制主梁之间的凹槽应在预制楼板安装完成后，采用不低于预制梁混凝土强度等级的材料填实。

93. 预制柱的吊装施工流程是怎样的?

预制柱的吊装施工流程如图 3-3 所示。预制柱的吊装示意如图 3-4 所示。

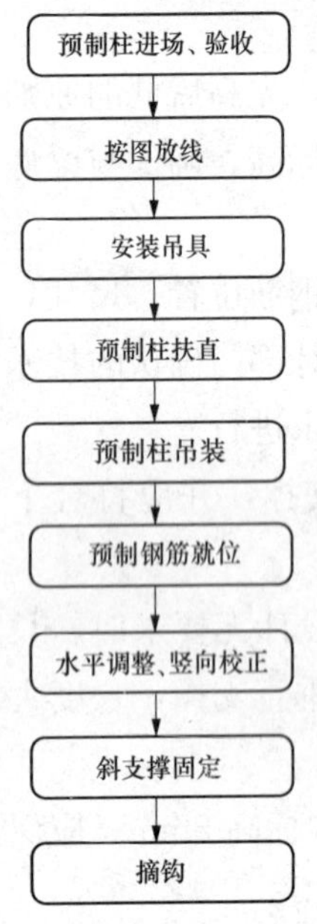

图 3-3 预制柱的吊装施工流程

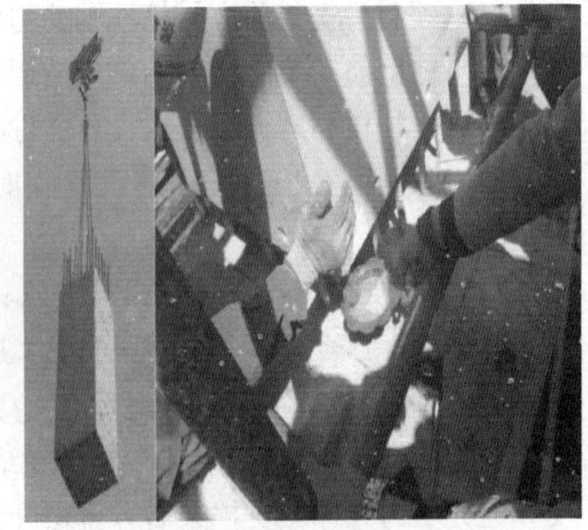

图 3-4 预制柱的吊装示意

94. 预制柱的施工有哪些要点?

(1) 根据预制柱平面各轴的控制线和柱框线校核预埋套管位置的偏移情况，做好记录。

(2) 检查预制柱进场的尺寸、规格，混凝土的强度是否符合设计和规范要求，检查柱上预留套管及预留钢筋是否满足图纸要求，套管内是否有杂物；同时做好记录，并与现场预留套管的检查记录进行核对，无问题后方可进行吊装。

（3）吊装前在柱四角放置金属垫块，以利于预制柱的垂直度校正，按照设计标高，结合柱子长度对偏差进行确认。用经纬仪控制垂直度，若有少许偏差运用千斤顶等进行调整。

（4）柱初步就位时应将预制柱钢筋与下层预制柱的预留钢筋初步试对，无问题后准备进行固定。

（5）预制柱接头连接。预制柱接头连接采用套筒灌浆连接技术。

1）柱脚四周采用坐浆材料封边，形成密闭灌浆腔，保证在最大灌浆压力（约1MPa）下密封有效。

2）如所有连接接头的灌浆口都未被封堵，当灌浆口漏出浆液时，应立即用胶塞进行封堵牢固；如排浆孔事先封堵胶塞，摘除其上的封堵胶塞，直至所有灌浆孔都流出浆液并已封堵后，等待排浆孔出浆。

3）一个灌浆单元只能从一个灌浆口注入，不得同时从多个灌浆口注浆。

95. 预制柱在安装时应符合哪些要求?

（1）预制柱在安装前，应校核轴线、标高以及连接钢筋的数量、规格和位置等。

（2）预制梁安装就位后在两个方向应采用可调斜撑作临时固定，并进行垂直度调整以及在柱子四角缝隙处加塞垫片。

（3）预制柱的临时支撑，应在套筒连接器内的灌浆料强度达到设计要求后拆除，当设计无具体要求时，混凝土或灌浆料应达到设计强度的75%以上方可拆除。

96. 预制墙板在安装时应符合哪些规定?

（1）预制墙板安装应设置临时斜撑，每件预制墙板安装过程的临时斜撑应不少于2道，临时斜撑宜设置调节装置，支撑点位置距离底板不宜大于板高的2/3，且不应小于板高的1/2，斜支撑的预埋件安装、定位应准确。

(2) 预制墙板安装应设置底部限位装置，每件预制墙板底部限位装置不少于2个，间距不宜大于4m。

(3) 临时固定措施的拆除应在预制构件与结构可靠连接，且在装配式混凝土结构能达到后续施工要求后进行。

(4) 预制墙板安装过程应符合下列规定。

1) 构件底部应设置可调整接缝间隙和底部标高的垫块。

2) 钢筋套筒灌浆连接、钢筋锚固搭接连接灌浆前应对接缝周围进行封堵。

3) 墙板底部采用坐浆时，其厚度不宜大于20mm。

(5) 预制墙板校核与调整应符合下列规定。

1) 预制墙板安装垂直度应以满足外墙板面垂直为主。

2) 预制墙板拼缝校核与调整应以竖缝为主，横缝为辅。

3) 预制墙板阳角位置相邻板的平整度校核与调整，应以阳角垂直度为基准进行调整。

97. 预制楼梯的吊装施工流程是怎样的?

预制楼梯的吊装施工流程如图3-5所示。

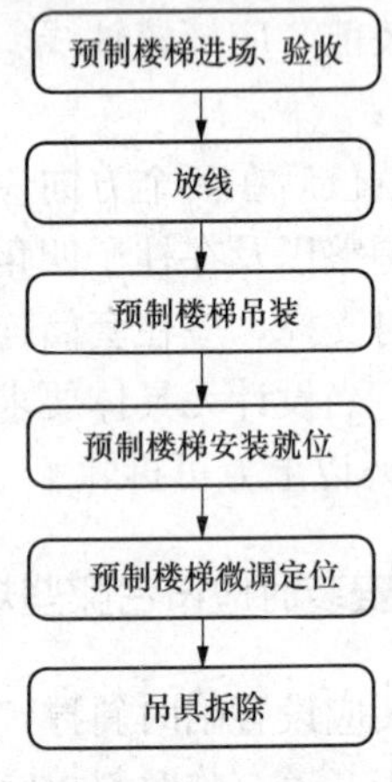

图3-5 预制楼梯的吊装施工流程

预制楼梯的吊装示意如图3-6所示。

图 3-6　预制楼梯的吊装示意

 98. 预制楼梯的施工要点有哪些?

（1）楼梯间周边梁板叠合后，测量并弹出相应楼梯构件端部和侧边的控制线。

（2）调整索具铁链长度，使楼梯段休息平台处于水平位置，试吊预制楼梯板，检查吊点位置是否准确，吊索受力是否均匀等；试起吊高度不应超过 1m。

（3）楼梯吊至梁上方 30～50cm 后，调整楼梯位置使上下平台锚固筋与梁箍筋错开，板边线基本与控制线吻合。

（4）根据已放出的楼梯控制线，用就位协助设备等将构件根据控制线精确就位，先保证楼梯两侧准确就位，再使用水平尺和捯链调整楼梯水平。

（5）调节支撑板就位后调节支撑立杆，确保所有立杆全部受力。

 99. 预制楼梯在安装时应符合哪些规定?

（1）预制楼梯安装前应复核楼梯的控制线及标高，并做好标识。

（2）预制楼梯支撑应有足够的强度、刚度及稳定性，楼梯就位后调节支撑立杆，确保所有的立杆全部受力。

（3）预制楼梯吊装应保证上下高差相符，顶面和底面平行，便于安装。

（4）预制楼梯安装位置准确，当采用预留锚固钢筋方式安装时，应先放置预制楼梯，在与现浇梁或板浇筑连接成整体，并保证预埋钢筋锚固长度和定位符合设计要求。当采用预制楼梯与现浇梁或板之间采用预埋件焊接或螺栓杆连接方式时，应先施工现浇梁或板，再搁置预制楼梯进行焊接或螺栓孔灌浆连接。

100. 预制剪力墙的吊装施工流程是怎样的？

预制剪力墙的吊装施工流程如图 3-7 所示。

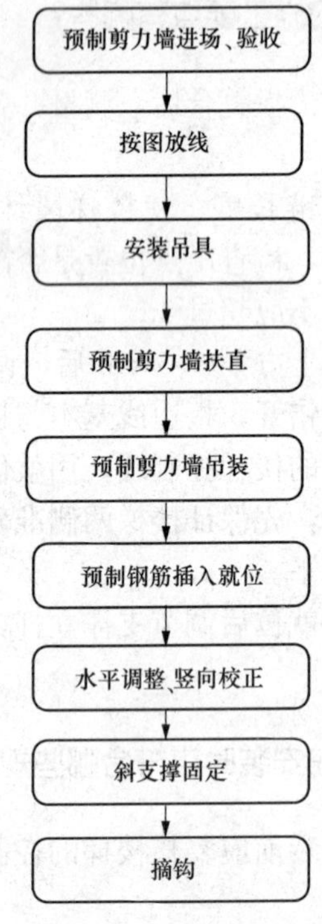

图 3-7 预制剪力墙的吊装施工流程

101. 预制剪力墙的施工要点有哪些？

（1）承重墙板吊装准备：由于吊装作业需要连续进行，所以吊装前的准备工作非常重要。首先在吊装就位之前将所有柱、墙的位置在地面弹好墨线，根据后置埋件布置图，采用后钻孔法安装预制构件定位卡具，并进行复核检查；同时对起重设备进行安全检查，并在空载状态下对吊臂角度、负载能力、吊绳等进行检查，对吊装困难的部件进行空载实际演练（必须进行），将导链、斜撑杆、膨胀螺栓、扳手、2m靠尺、开孔电钻等工具准备齐全，操作人员对操作工具进行清点。检查预制构件预留灌浆套筒是否有缺陷、杂物和油污，保证灌浆套筒完好；提前架好经纬仪、激光水准仪并调平。填写施工准备情况登记表，施工现场负责人检查核对签字后方可开始吊装。

（2）起吊预制墙板：吊装时采用带捯链的扁担式吊装设备，加设缆风绳。

（3）顺着吊装前所弹墨线缓缓下放墙板，吊装经过的区域下方设置警戒区，施工人员应撤离，由信号工指挥，就位时待构件下降至作业面1m左右高度时施工人员方可靠近操作，以保证操作人员的安全。墙板下放好垫块，垫块保证墙板底标高的正确（注：也可提前在预制墙板上安装定位角码，顺着定位角码的位置安放墙板）。

（4）墙板底部局部套筒若未对准时，可使用捯链将墙扳手动微调，重新对孔。底部没有灌浆套筒的外填充墙板直接顺着角码缓缓放下墙板。垫板造成的空隙可用坐浆方式填补。为防止坐浆料填充到外叶板之间，在苯板处补充50mm×20mm的保温板（或橡胶止水条）堵塞缝隙。

（5）垂直坐落在准确的位置后，使用激光水准仪复核水平方向是否有偏差，无误差后，利用预制墙板上的预埋螺栓和地面后置膨胀螺栓（将膨胀螺栓在环氧树脂内蘸一下，立即打入地面）安装斜支撑杆，用检测尺检测预制墙体垂直度及复测墙顶标高后，利用斜撑杆调节好墙体的垂直度，方可松开吊钩。

（6）斜撑杆调节完毕后，再次校核墙体的水平位置和标高、垂直度，相邻墙体的平整度。检查工具：经纬仪、水准仪、靠尺、水平尺（或软簪）、铅锤、拉线。

（7）预制剪力墙钢筋竖向接头连接采用套筒灌浆连接，具体要求如下。

1）灌浆前应制订灌浆操作的专项质量保证措施。

2）按照产品使用要求计量灌浆料和水用量，并搅拌均匀，灌浆料拌和物的流动性应满足现行国家相关标准和设计要求。

3）将预制墙板底的灌浆连接腔用高强度水泥基坐浆材料进行密封（防止灌浆前异物进入腔内）；墙板底部采用坐浆材料封边，形成密封灌浆料，保证在最大灌浆压力下（1MPa）密封有效。

4）灌浆料拌和物应在制备后0.5h内完成；灌浆作业应采取压浆法从下口灌注，有浆料从上口流出时应及时封闭；宜采用专用堵头封闭，封闭后灌浆料不应有任何外漏。

5）灌浆施工时宜控制环境温度，必要时，应对连接处采取保温加热措施。

6）灌浆作业完成后12h内，构件和灌浆连接接头不应受到振动或冲击。

102. 预制外墙挂板的吊装施工流程是怎样的？

预制外墙挂板的吊装施工流程如图3-8所示。

预制外墙挂板的吊装示意如图3-9所示。

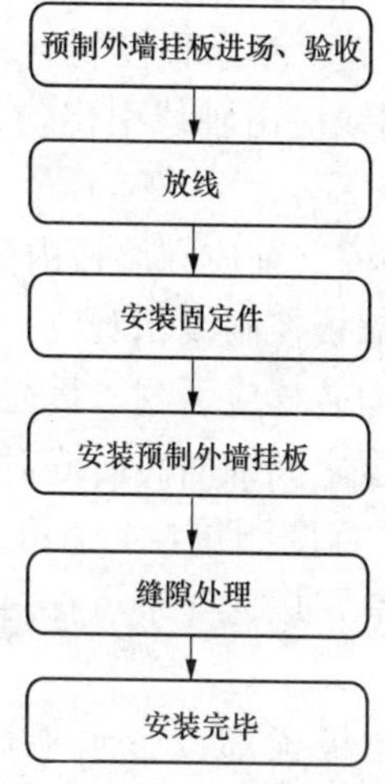

图 3-8　预制外墙挂板的吊装施工流程

图 3-9　预制外墙挂板的吊装示意

103. 预制外墙挂板施工要点有哪些?

（1）外墙挂板施工前的准备。

1）结构每层楼面轴线垂直控制点不应少于 4 个，楼层上的控制轴线应使用经纬仪由底层原始点直接向上引测。

2）每个楼层应设置1个高程控制点。

3）预制构件控制线应由轴线引出，每块预制构件应有纵横控制线2条。

4）预制外墙挂板安装前应在墙板内侧弹出竖向与水平线，安装时应与楼层上该墙板控制线相对应。当采用饰面砖外装饰时，饰面砖竖向、横向砖缝应引测。贯通到外墙内侧来控制相邻板与板之间，层与层之间饰面砖砖缝对直。

5）预制外墙板垂直度测量，4个角留设的测点为预制外墙板转换控制点，用靠尺以此4个点在内侧进行垂直度校核和测量。

6）应在预制外墙板顶部设置水平标高点，在上层预制外墙板吊装时，应先垫垫块或在构件上预埋标高控制调节件。

（2）外墙挂板的吊装。预制构件应按照施工方案、吊装顺序预先编号，严格按照编号顺序起吊；吊装应采用慢起、稳升、缓放的操作方式，应系好缆风绳控制构件转动；在吊装过程中，应保持稳定，不得偏斜、摇摆和扭转。预制外墙板的校核与偏差调整应按以下要求进行。

1）预制外墙挂板侧面中线及板面垂直度的校核，应以中线为主调整。

2）预制外墙板上下校正时，应以竖缝为主调整。

3）墙板接缝应以满足外墙面平整为主，内墙面不平或翘曲时，可在内装饰或内保温层内调整。

4）预制外墙板山墙阳角与相邻板的校正，以阳角为基准调整。

5）预制外墙板拼缝平整的校核，应以楼地面水平线为准调整。

（3）外墙挂板底部固定、外侧封堵。外墙挂板底部坐浆材料的强度等级不应小于被连接构件的强度，坐浆层的厚度不应大于 20mm，底部坐浆强度检验以每层为一个检验批，每工作班组应制作一组且每层不应少于 3 组边长为 70.7mm 的立方体试件，标准养护 28d 后进行抗压强度试验。为了防止外墙挂板外侧坐浆料外漏，应在外侧保温板部位固定 50mm（宽）×20mm（厚）的具备 A 级保温性能的材料进行封堵。

预制构件吊装到位后应立即进行下部螺栓固定并做好防腐防锈处理。上部预留钢筋与叠合板钢筋或框架梁预埋件焊接。

（4）预制外墙挂板连接接缝施工。预制外墙挂板连接接缝采用防水密封胶施工时，应符合下列规定。

1）预制外墙板连接接缝防水节点基层及空腔排水构造做法应符合设计要求。

2）预制外墙挂板外侧水平、竖直接缝的防水密封胶封堵前，侧壁应清理干净，保持干燥。嵌缝材料应与挂板牢固黏结，不得漏嵌和虚粘。

3）外侧竖缝及水平缝防水密封胶的注胶宽度、厚度应符合设计要求，防水密封胶应在预制外墙挂板校核固定后嵌填，先安放填充材料，然后注胶。防水密封胶应均匀顺直，饱满密实，表面光滑连续。

4）外墙挂板“十”字拼缝处的防水密封胶注胶应连续完成。

104. 预制内隔墙的吊装施工流程是怎样的?

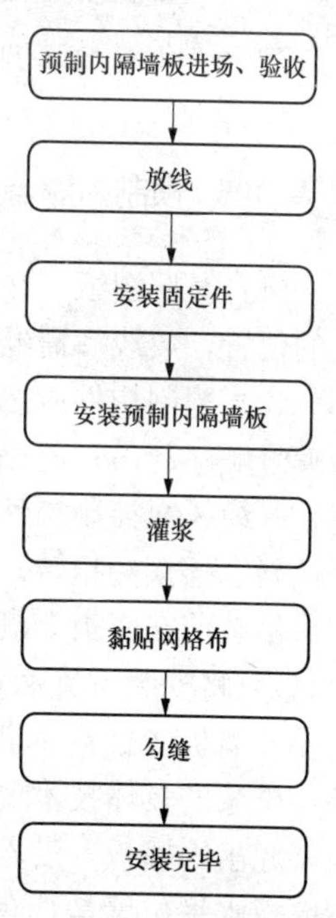

图 3-10　预制内隔墙的吊装施工流程

预制内隔墙的吊装施工流程如图 3-10 所示。预制内隔墙的吊装如图

3-11 所示。

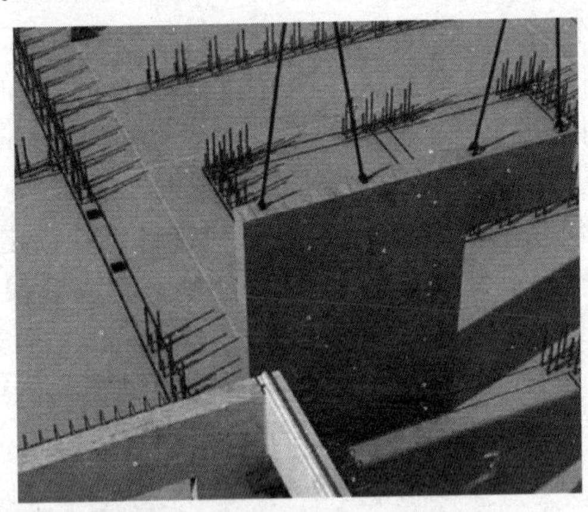

图 3-11　预制内隔墙的吊装示意

105. 预制内隔墙施工要点有哪些?

（1）对照图纸，在现场弹出轴线，并按排板设计标明每块板的位置，放线后需经技术员校核认可。

（2）预制构件应按照事故方案吊装顺序预先编号，严格按照编号顺序起吊；起吊应采用慢起、稳升、缓放的操作方式，应系好缆风绳控制构件转动；在吊装过程中，应保持稳定，不得偏斜、摇摆和扭转。

吊装前在底板上测量、放线（也可提前在墙板上安装定位角码）。将安装位置洒水阴湿，地面上、墙板下放好垫块，垫块保证墙板底标高的正确。垫板造成的空隙可用坐浆方式填补，坐浆的具体技术要求同外墙板的坐浆。

起吊内墙板，沿着所弹墨线缓缓下放，直至坐浆密实，复测墙板水平位置是否有偏差，确定无偏差后，利用预制墙板土的预埋螺栓和地面后置膨胀螺栓（将膨胀螺栓在环氧树脂内蘸一下，立即打入地面）安装斜支撑杆，复测墙板顶标高后方可松开吊钩。

利用斜撑杆调节墙板垂直度（注：在利用斜撑杆调节墙板垂直度时必须两名工人同时间、同方向，分别调节两根斜撑杆）；刮平并补齐底部缝隙的坐浆。复核墙体的水平位置和标高、垂直度以及相邻墙体的平整度。

检查工具：经纬仪、水准仪、靠尺、水平尺（或软管）、铅锤、拉线。

填写预制构件安装验收表，施工现场负责人及甲方代表、项目管理、监理单位签字后进入下道工序（注：留存完成前后的影像资料）。

（3）内填充墙底部坐浆、墙体临时支撑。内填充墙底部坐浆材料的强度等级不应小于被连接构件的强度，坐浆层的厚度不应大于20mm，底部坐浆强度检验以每层为一个检验批，每工作班组应制作一组且每层不应少于3组边长为70.7mm的立方体试件，标准养护28d后进行抗压强度试验。预制构件吊装到位后，应立即进行墙体的临时支撑工作，每个预制构件的临时支撑不宜少于2道，其支撑点距离板底的距离不宜小于构件高度的2/3，且不应小于构件高度的1/2，安装好斜支撑后，通过微调临时斜支撑使预制构件的位置和垂直度满足规范要求，最后拆除吊钩，进行块墙板的吊装工作。

106. 预制楼板在安装时应符合什么规定？

（1）构件安装前应编制支撑方案，支撑体系宜采用可调工具式支持系统，首层支撑架体的地基必须坚实，架体必须有足够的强度、刚度和稳定性。

（2）板底支撑间距不应大于2m，每根支撑之间的高差不应大于2mm，标高偏差不应大于3mm，悬挑板外端宜比内端支撑调高2mm。

（3）预制楼板安装前，应复核预制板构件端部和侧边的控制线以及支撑搭设情况是否满足要求。

（4）预制楼板安装应通过微调垂直支撑来控制水平标高。

(5) 预制楼板安装时，应保证水电预埋管（孔）位置准确。

(6) 预制楼板吊至梁、墙上已放出的板边和板端控制线，准确就位，偏差不得大于2mm，累计误差不得大于5mm。板就位后调节支撑立杆，确保所有立杆全部受力。

(7) 预制叠合楼板吊装顺序依次铺开，不宜间隔吊装。在混凝土浇筑前，应校正预制构件的外露钢筋，外伸预留钢筋伸入支座时，预留筋不得弯折。

(8) 相邻叠合楼板间的拼缝及预制楼板与预制墙板位置的拼缝应符合设计要求并有防止裂缝的措施。施工集中荷载或受力较大部位应避开拼接位置。

107. 预制楼（屋）面板的吊装施工流程是怎样的?

预制楼（屋）面板施工流程如图3-12所示。预制板的吊装示意如图3-13所示。

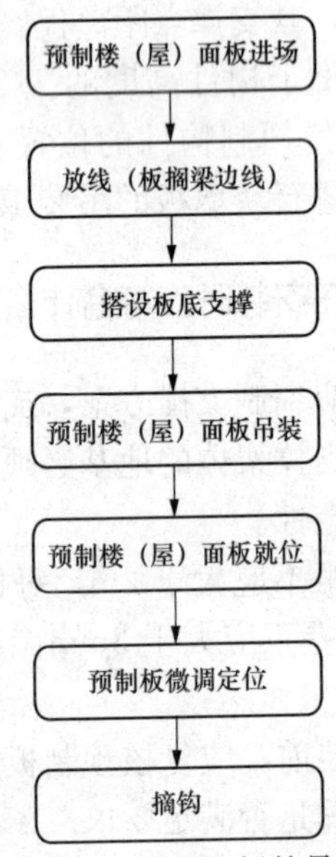

图3-12 预制楼（屋）面板的吊装施工流程

图 3-13　预制板的吊装示意

108. 预制楼（屋）面板施工要点有哪些?

（1）预制板的进场验收。

1）进场验收主要检查资料及外观质量，防止在运输过程中发生损坏现象，验收应满足现行施工及验收规范的要求。

2）预制板进入工地现场，堆放场地应夯实平整，并应防止地面不均匀下沉。预制带肋底板应按照不同型号、规格分类堆放。预制带肋底板应采用板肋朝上叠放的堆放方式，严禁倒置，各层预制带肋底板下部应设置垫木，垫木应上下对齐，不得脱空。堆放层数不应大于 7 层，并有稳固措施。

（2）在每条吊装完成的梁或墙上测量并弹出相应预制板四周控制线，并在构件上标明每个构件所属的吊装顺序和编号，便于吊装工人进行辨认。

（3）在叠合板两端部位设置临时可调节支撑杆，预制楼板的支撑设置应符合以下要求。

1）支撑架体应具有足够的承载能力、刚度和稳定性，应能可靠地承受混凝土构件的自重和施工过程中所产生的荷载及风荷载。

2）确保支撑系统的间距及距离墙、柱、梁边的净距符合系统验算要求，上下层支撑应在同一直线上。板下支撑间距不大于3.3m。当支撑间距大于3.3m且板面施工荷载较大时，跨中需在预制板中间加设支撑。

（4）在可调节顶撑上架设木方，调节木方顶面至板底设计标高，开始吊装预制楼板。预制带肋底板的吊点位置应合理设置，起吊就位应垂直平稳，两点起吊或多点起吊时吊索与板水平面所成夹角不宜小于60°，不应小于45°。

（5）吊装应按顺序连续进行，板吊至柱上方3～6cm后，调整板位置使锚固筋与梁箍筋错开便于就位，板边线基本与控制线吻合。将预制楼板坐落在木方顶面，及时检查板底与预制叠合梁的接缝是否到位，预制楼板钢筋入墙长度是否符合要求，直至吊装完成。安装预制带肋底板时，其搁置长度应满足设计要求。预制带肋底板与梁或墙间宜设置不大于20mm的坐浆或垫片。实心平板侧边的拼缝构造形式可采用直平边、双齿边、斜平边、部分斜平边等。实心平板端部伸出的纵向受力钢筋即胡子筋，当胡子筋影响预制带肋底板铺板施工时，可在一端不预留胡子筋，并在不预留胡子筋一端的实心平板上方设置端部连接钢筋代替胡子筋，端部连接钢筋应沿板端交错布置，端部连接钢筋支座锚固长度不应小于$10d$、深入板内长度不应小于150mm。

（6）当一跨板吊装结束后，要根据板四周边线及板柱上弹出的标高控制线对板标高及位置进行精确调整，误差控制在2mm以内。

109. 预制阳台、空调板的吊装施工流程是怎样的？

预制阳台、空调板的吊装施工流程如图3-14所示。

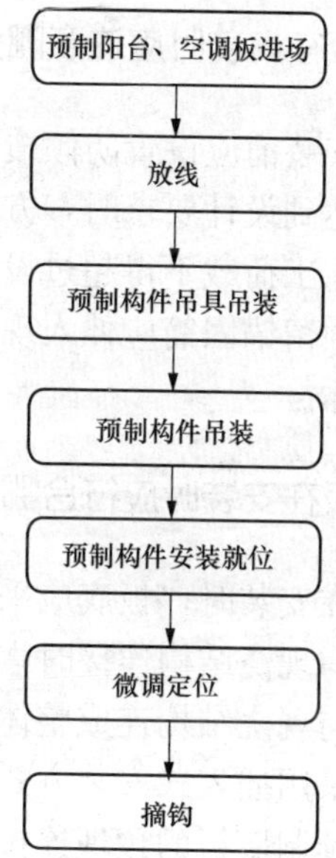

图 3-14 预制阳台、空调板的吊装施工流程

110. 预制阳台、空调板施工时有哪些要点?

(1) 每块预制构件吊装前测量并弹出相应周边（隔板、梁、柱）控制线。

(2) 板底支撑采用钢管脚手架＋可调顶托＋100mm×100mm 木方，板吊装前应检查是否有可调支撑高出设计标高，校对预制梁及隔板之间的尺寸是否有偏差，并做相应调整。

(3) 预制构件吊至设计位置上方 3～6cm 后，调整位置使锚固筋与已完成结构预留筋错开便于就位，构件边线基本与控制线吻合。

(4) 当一跨板吊装结束后，要根据板周边线、隔板上弹出的标高控制线对板标高及位置进行精确调整，误差控制在 2mm 以内。

111. 预制阳台板在安装时应注意哪些问题?

（1）悬挑阳台板安装前应设置防倾覆支撑架，支撑架应在结构楼层混凝土强度达到设计要求时，方可拆除支撑架。

（2）悬挑阳台板施工荷载不得超过设计的允许荷载值。

（3）预制阳台板预留锚固筋应伸入现浇结构中，并应与现浇混凝土结果连成整体。

112. 预制空调板在安装时应符合哪些规定?

（1）预制空调板在安装时，板底应采用临时支撑措施。

（2）预制空调板与现浇结构连接时，预留锚固钢筋应伸入现浇结构部分，并应与现浇结构连成整体。

（3）预制空调板采用插入式安装方式时，连接位置应设置预埋连接件，并应与预制墙板的预埋连接件连接，空调板与墙板交接，空调板与墙板交接的四周防水槽口应嵌填防水密封胶。

113. 预制构件采用临时支撑时应符合哪些规定?

（1）每个预制构件的临时支撑不宜少于2道。

（2）对预制柱、墙板的上部斜撑，其支撑点距离底部的距离不宜小于高度的2/3，且不应小于高度的1/2。

（3）构件安装就位后，可通过临时支撑对构件的位置和垂直度进行微调。

114. 装配式混凝土结构采用现浇混凝土或砂浆连接构件时应符合哪些规定?

（1）构件连接处现浇混凝土或砂浆的强度及收缩性能应满足设计要求。设计无具体要求时，应符合下列规定。

1）承受内力的连接处应采用混凝土浇筑，混凝土强度等级不应低于连接处构件混凝土强度设计等级值的较大值。

2）非承受内力的连接处可采用混凝土或砂浆浇筑，其强度等级不应低于C15或M15。

3）混凝土粗集料的最大粒径不宜大于连接处最小尺寸的1/4。

（2）浇筑前，应清除浮浆、松散集料和污物，并宜洒水湿润。

（3）连接节点、水平拼缝应连续浇筑；竖向拼缝可逐层浇筑，每层的浇筑高度不宜大于2m，应采取保证混凝土或砂浆浇筑密实的措施。

（4）混凝土或砂浆的强度达到设计要求后，方可承受全部设计荷载。

115. 装配式混凝土结构施工中混凝土浇筑的一般规定有哪些？

（1）装配式混凝土结构的现场浇筑混凝土施工与质量控制应符合现行国家标准《混凝土结构工程施工质量验收规范》（GB 50204—2015）、《混凝土结构工程施工规范》（GB 50666—2011）的规定。

（2）现场浇筑混凝土的施工应按施工组织方案要求，全部完成上一道工序并验收合格后，方可进行现场浇筑混凝土的施工。

（3）现场浇筑混凝土的施工应加强标高、轴线、垂直度、平整度控制以及核心区钢筋定位与后置埋件精度控制等，保证构件安装质量以及接槎平顺。

116. 混凝土工程现场浇筑时应满足什么条件？

（1）现场浇筑混凝土性能应符合设计与施工要求。叠合剪力墙内宜采用自密实混凝土，自密实混凝土浇筑应符合国家现行相关标准的规定。

（2）预制梁、柱混凝土强度等级不同时，预制梁柱节点区混凝土强度应符合设计要求，当无设计要求时，应按强度等级高的混凝土浇筑。

（3）预制构件连接节点的后浇混凝土或砂浆应根据施工技术方案要求的顺序施工，其混凝土或砂浆的强度及收缩性能应满足设计要求。

（4）混凝土浇筑应布料均衡。构件接缝混凝土浇筑和振捣应采取措施防止模板、连接构件、钢筋、预埋件及其定位件移位。预制构件节点接缝处混凝土必须振捣密实。

（5）混凝土浇筑完成后，应采取洒水、覆膜、喷涂养护剂等养护方式，养护时间符合设计及规范要求。

117. 后浇混凝土的施工应符合什么要求?

（1）预制构件的结合面疏松部分的混凝土应剔除并清理干净。

（2）模板应保证后浇筑混凝土部分形状、尺寸和位置准确，并应防止漏浆。

（3）在浇筑混凝土前，应洒水润湿结合面，混凝土应振捣密实。

（4）同一配合比的混凝土，每工作班且建筑面积不超过1000m^2应制作一组标准养护试件，同一楼层应制作不少于3组标准养护试件。

118. 后浇混凝土施工中连接钢筋应注意什么问题?

连接钢筋的定位控制，通常采用定位措施工具保证连接钢筋的水平位置，以确保后续预制构件安装准确，在实际施工中包括两个环节。

（1）现浇转换装配层的钢筋定位，由于连接钢筋后埋，应重点控制连接钢筋的水平位置、外露长度，特别在混凝土浇筑时，应随浇筑随调节，并应避免浇筑污染。

（2）连接层的定位钢筋应首先控制预制工厂的生产精度，在运输环节、存放环节、吊装后、后续构件安装前均应随时对连接钢筋的水平位置进行调节，确保各个环节连接钢筋位置准确。

119. 后浇混凝土浇筑控制包括哪些环节？

后浇混凝土浇筑控制包括两个环节。

（1）后浇部位结合面的处理，包括防止粗糙面的污染、防止叠合面的破坏，在混凝土浇筑前应对粗糙面进行隐蔽验收，确有损坏时，应采取后剔凿等处理方式。

（2）竖向结构后浇混凝土的浇筑也是一个重要环节，特别在采用 PCF（预制混凝土模板）工艺施工时，严格控制浇筑分层与浇筑速度对施工质量及安全的保证具有重要的作用，此外还应同时采取加强振捣、加强养护等措施。

120. 后浇混凝土竖向节点构件钢筋绑扎时应注意哪些问题？

（1）现浇边缘构件节点钢筋。

1）调整预制墙板两侧的边缘构件钢筋，构件吊装就位。

2）绑扎边缘构件纵筋范围内的箍筋，绑扎顺序是由下而上，然后将每个箍筋平面内的甩出筋、箍筋与主筋绑扎固定就位。由于两墙板间的距离较为狭窄，制作箍筋时将箍筋做成开口箍状，以便于箍筋绑扎，如图 3-15 所示。

3）将边缘构件纵筋以上范围内的箍筋套入相应的位置，并固定于预制墙板的甩出钢筋上。

4）安放边缘构件纵筋并将其与插筋绑扎固定。

5）将已经套接的边缘构件箍筋安放调整到位，然后将每个箍筋平面内的甩出筋、箍筋与主筋绑扎固定就位。

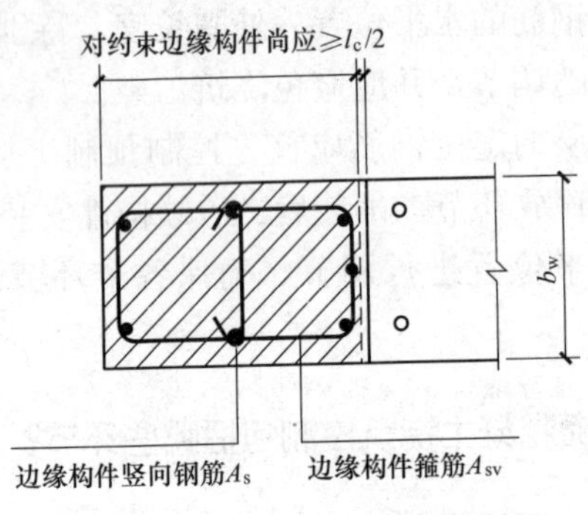

图 3-15 箍筋绑扎示意

（2）竖缝处理。在绑扎节点钢筋前先将相邻外墙板间的竖缝封闭，如图 3-16 所示。

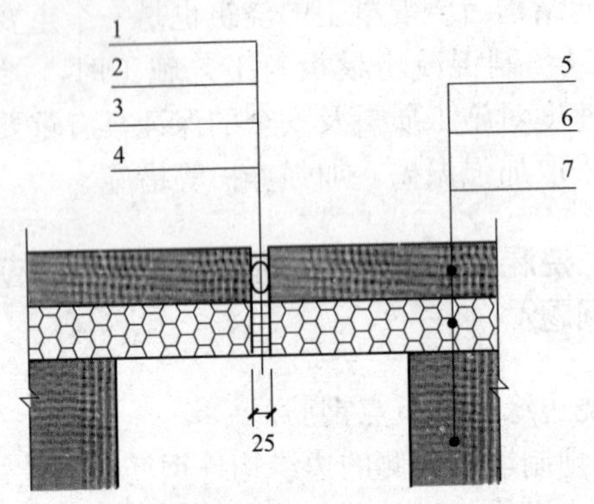

图 3-16 竖缝处理示意

1—灌浆料密实；2—发泡芯棒；3—封堵材料；4—后浇段；5—外叶墙板；6—夹心保温层；7—内叶剪力墙板

1）外墙板内缝处理：在保温板处填塞发泡聚氨酯（待发泡聚氨酯溢出后，视为填塞密实），内侧采用带纤维的胶带封闭。

2）外墙板外缝处理：先填塞聚乙烯棒，然后在外皮打建筑耐候胶。

121. 后浇混凝土施工时如何支设竖向节点构件模板?

支设边缘构件及后浇段模板时，应充分利用预制内墙板间的缝隙及内墙板上预留的对拉螺栓孔充分拉模，以保证墙板边缘混凝土模板与后支钢模板（或木模板）连接紧固好，防止胀模。

支设模板时应注意以下几点。

(1) 在混凝土浇筑时，节点处模板应不产生明显变形漏浆，并不宜采用周转次数较多的模板。为防止漏浆污染预制墙板，模板接缝处黏贴海棉条。

(2) 采取可靠措施防止胀模。设计时按钢模考虑，施工时也可使用木模，但要保障施工质量。

122. 叠合梁板上部钢筋安装时应注意哪些问题?

(1) 键槽钢筋绑扎时，为确保 U 形钢筋位置的准确，在钢筋上口加 $\phi6$ 钢筋，卡在键槽当中作为键槽钢筋的分布筋。

(2) 叠合梁板上部钢筋施工。所有钢筋交错点均绑扎牢固，同一水平直线上相邻绑扣呈“八”字形，朝向混凝土构件内部。

123. 浇筑楼板上部及竖向节点构件混凝土时应注意哪些问题?

(1) 绑扎叠合楼板负弯矩钢筋和板缝加强钢筋网片，预留预埋管线、埋件、套管、预留洞等。浇筑时，在露出的柱子插筋上做好混凝土顶标高标志。利用外圈叠合梁上的外侧预埋钢筋固定边模专用支架，调整边模顶标高至板顶设计标高，浇筑混凝土，利用边模顶面和柱插筋上的标高控制标志控制混凝土厚度和混凝土平整度。

(2) 当后浇叠合楼板混凝土强度符合现行国家及地方规范

要求时，方可拆除叠合板下临时支撑，以防止叠合梁发生侧倾或混凝土过早承受拉力而使现浇节点出现裂缝。

124. 装配式混凝土结构施工时模板工程应符合哪些要求?

装配式混凝土结构宜采用定型工具式模板及支撑，模板工程应符合下列要求。

（1）模板及其支撑、预制构件固定支撑应根据工程结构形式、荷载大小、地基土类别、施工设备、材料和预制构件等条件编制施工技术方案。

（2）模板与支撑应保证构件的位置、形状、尺寸准确。

（3）预制构件上预留用于模板连接用的孔洞、预埋件、螺栓的位置应准确且应与模板模数相协调。

（4）模板安装时，应保证接缝处不漏浆；木模板应浇水湿润但不应有积水；接触面和内部应清理干净、无杂物并涂刷隔离剂。

（5）预制叠合梁、预制楼板、预制楼梯与现浇部位的交接处，应根据施工验算设置竖向支撑。

125. 模板支撑拆除时应满足哪些要求?

（1）模板及其支撑拆除的顺序及安全措施应按施工技术方案执行。

（2）当叠合梁、叠合板现浇层混凝土强度达到设计要求时，方可拆除底模及支撑；当设计无具体要求时，同条件养护试件的混凝土立方体试件抗压强度应符合表 3-2 的规定。

（3）拆除侧模时的混凝土强度应能保证其表面及棱角不受损伤。

（4）拆除模板时，不应对楼层形成冲击荷载。拆除的模板和支架宜分散堆放并及时清运。

表 3-2　　　　底模拆除时的混凝土强度要求

构件类型	构件跨度/mm	达到设计混凝土强度等级的百分率（%）
板	≤2	≥50
	>2，≤8	≥75
	>8	≥100
梁、拱、壳	≤8	≥75
	>8	≥100
悬臂构件		≥100

（5）多个楼层间连续支模的底层支架拆除时间，应根据连续支模的楼层间荷载分配和混凝土强度的增长情况确定。

126. 浇筑混凝土时钢筋工程应符合哪些要求？

（1）构件交接处的钢筋位置应符合设计要求，并保证主要受力构件和构件中主要受力方向的钢筋位置无冲突。

（2）框架节点处梁纵向受力钢筋宜置于柱纵向钢筋内侧；当主次梁底部标高相同时，次梁下部钢筋应放在主梁下部钢筋之上。

（3）剪力墙中水平分布钢筋宜放在外侧，并宜在墙端弯折锚固。剪力墙构件连接节点区域的钢筋安装应制订合理的工艺顺序，保证水平连接钢筋、箍筋、竖向钢筋位置准确；剪力墙构件连接节点加密区宜采用封闭箍筋。对于带保温层的构件，箍筋不得采用焊接连接。

（4）预制叠合式楼板上层钢筋绑扎前，应检查格构钢筋的位置，必要时设置支撑马凳；上层钢筋可采用成品钢筋网片的整体安装方式。相邻叠合式楼板板缝处连接钢筋应符合设计要求。

（5）钢筋套筒灌浆连接、钢筋浆锚搭接连接的预留插筋位置应准确，外露长度应符合设计要求且不得弯曲；应采用可靠的保护措施，防止钢筋污染、偏移和弯曲。

（6）钢筋中心位置存在严重偏差，影响预制构件安装时，应会同设计单位制订专项处理方案，严禁切割、强行调整钢筋。

127. 预制外墙板接缝所用的防水密封材料应符合哪些规定？

预制外墙板接缝所用的防水密封材料应选用耐候性密封胶，密封胶应与混凝土具有相容性，并具有防水密封胶性能及低温柔性、防霉性等性能。其最大伸缩变形量、剪切变形性能等均应满足设计要求。并符合以下规定。

（1）其性能满足现行行业标准《混凝土建筑接缝用密封胶》（JC/T 881—2001）的规定。

（2）当选用硅酮类密封胶时，应满足现行国家标准《硅酮建筑密封胶》（GB/T 14683—2003）的要求。

（3）接缝中的背衬应采用发泡氯丁橡胶或聚乙烯塑料棒。

128. 密封防水施工应符合哪些规定？

（1）密封防水施工前，接缝处应清理干净，保持干燥。

（2）密封防水施工的嵌缝材料性能、质量、配合比应符合要求。嵌缝材料应牢固黏结，不得漏嵌和虚贴。

（3）密封防水胶的使用年限应满足设计要求，应与衬垫材料相容，应具有弹性。

（4）密封防水胶的注胶宽度、厚度应符合设计要求，注胶应均匀、顺直、密实，表面应光滑，不应有裂缝。

（5）密封防水施工完成后应在外墙面做淋水、喷水试验，并观察外墙内侧墙体有无渗漏。

129. 预制外墙板施工时应注意哪些事项？

（1）预制外墙板横向、竖向拼缝宽度应满足设计要求，施工时应有控制缝宽的措施。

（2）上一道工序经验收合格后，方可进行密封防水施工。伸出外墙的管道、预埋件等应在防水施工前安装完毕。

（3）预制外墙板吊装前应检查止水条粘贴的牢固性与完整性，破坏处应在吊装前及时修复。

（4）预制外墙板接缝防水处理应符合设计要求，宜选用构造防水与材料防水相结合的防排水措施。

（5）预制外墙板接缝采用防水砂浆填塞时，板缝宽度、嵌缝材料、嵌缝深度等应符合设计要求，并按施工技术方案进行施工。外挂墙板接缝不应采用砂浆填塞。

第四节　装配式混凝土结构构件连接施工

130. 装配式混凝土结构构件间的连接方式有哪些？

装配式混凝土结构构件连接宜采用预留钢筋锚固连接、机械连接、套筒灌浆连接、浆锚搭接连接、焊接连接或螺栓连接，连接点应采取可靠的防腐蚀措施，其耐久性应满足工程设计年限的要求，并应符合现行国家相关标准的有关规定。

131. 什么是钢筋套筒灌浆连接？

钢筋套筒灌浆连接按照钢筋与套筒的连接方式不同，其接头可分为全灌浆接头和半灌浆接头，如图 3-17 所示。全灌浆接头是一种传统的灌浆连接接头形式，套筒两端的钢筋均采用灌浆连接，两端钢筋均是带肋钢筋。半灌浆接头是一端钢筋用灌浆连接，另一端用非灌浆方法连接的接头。

钢筋套筒灌浆连接主要适用于装配式混凝土结构中的预制柱、预制剪力墙等预制构件的纵向钢筋连接，也可用于叠合梁等后浇部位的纵向钢筋连接。

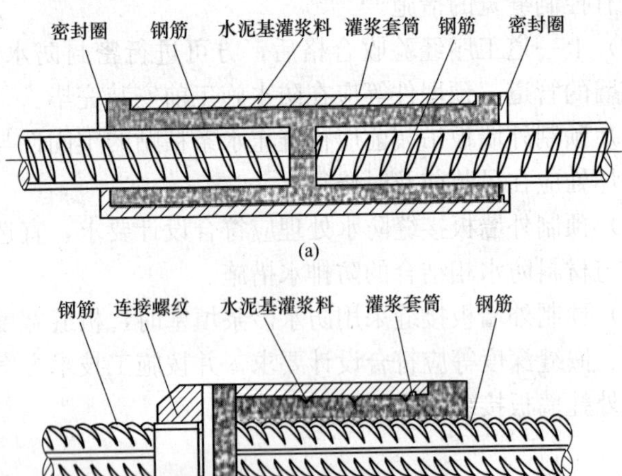

图 3-17 灌浆接头结构示意

(a) 全灌浆接头；(b) 半灌浆接头

132. 什么是浆锚搭接连接?

浆锚搭接连接是基于黏结锚固原理进行连接的方法，在竖向结构部品下段范围内预留出竖向孔洞，孔洞内壁表面留有螺纹状粗糙面，周围配有横向约束螺旋箍筋。装配式构件将下部钢筋插入孔洞内，通过灌浆孔注入灌浆料，直至排气孔溢出停止灌浆；当灌浆料凝结后将此部分连接成一体。浆锚搭接如图3-18 所示。

浆锚搭接连接时，要对预留孔成孔工艺、孔道形状和长度、构造要求、灌浆料和被连接钢筋，进行力学性能以及适用性的试验验证。其中，直径大于 20mm 的钢筋不宜采用浆锚搭接连接，直接承受动力荷载构件的纵向钢筋不应采用浆锚搭接连接。

浆锚搭接连接成本低、操作简单，但因结构受力的局限

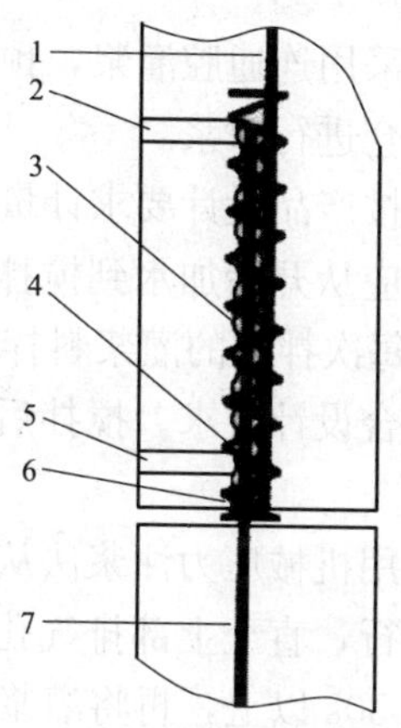

图 3-18　浆锚搭接示意

1—预埋钢筋；2—排气孔；3—波纹状孔洞；4—螺旋加强筋；
5—灌浆孔；6—弹性橡胶密封圈；7—被连接钢筋

性，浆锚搭接连接只适用于房屋高度不大于 12m 或者层数不超过 3 层的装配整体式框架结构的预制柱纵向钢筋连接。

133. 钢筋套筒灌浆连接、钢筋浆锚搭接连接灌浆前应做好哪些准备工作？

钢筋套筒灌浆连接、钢筋浆锚搭接连接灌浆前，宜在施工现场模拟施工条件制作灌浆连接接头，进行工艺试验。

钢筋套筒灌浆连接、钢筋浆锚搭接连接的预制构件就位前，应检查连接钢筋的规格、数量、位置和长度，当连接钢筋倾斜时，应进行校直，并清理套筒、预留孔段内的杂物。

134. 采用套筒灌浆连接、浆锚搭接灌浆连接时应符合哪些要求？

（1）灌浆前应制订灌浆操作的专项施工方案，灌浆作业应由灌浆工完成，持证上岗，灌浆操作过程应有相应的施工记录。

(2) 竖向构件宜采用连通腔灌浆，预制墙板应根据设计和施工技术方案要求分仓进行灌浆。

(3) 灌浆作业应按产品设计要求计量灌浆料和水的用量并搅拌均匀，搅拌时间应从开始加水到搅拌结束应不少于5min，然后静置2～3min；每次拌制的灌浆料拌和物应进行流动度的检验，其流动度应符合设计要求。搅拌后的灌浆料应在30min内使用完毕。

(4) 灌浆必须采用机械压力注浆法从下口灌注，灌浆应连续、缓慢、均匀地进行，直至上部排气孔排出柱状浆液后，立即封堵排气孔，持压30s以上，再将灌浆孔封闭，保证灌浆料能充分填充密实。

(5) 灌浆结束后应及时将灌浆孔及构件表面的浆液清理干净，并将灌浆孔表面抹压平整。

(6) 灌浆作业应及时做好施工质量检查记录，留存影像资料，并按要求每工作班制作一组且每层不应少于三组40mm×40mm×160mm的长方体试件；标准养护28d后进行抗压强度试验，抗压强度应满足设计要求。较为常见的套筒灌浆施工报告书见表3-3。

表3-3　　套筒灌浆施工报告书

套筒灌浆施工报告书			
项目名称：		施工日期：	施工部位（构件编号）：
灌浆开始时间： 灌浆结束时间：		灌浆负责人：	监理负责人：
砂浆注入管理记录	室外温度：	水量：	砂浆批号：
	室内温度：	流动值：	备注：
	灌浆时浆体温度：	—	

1) 灌浆后12h内不得使构件和灌浆层受到振动、碰撞。

2) 冬期施工时环境温度宜在5℃以上。

3）散落的灌浆料拌和物不得二次使用，剩余的拌和物不得再次添加灌浆料、水后混合使用。

（7）当灌浆施工出现无法出浆的情况时，应及时查明原因并采取措施处理；对于未密实饱满的灌浆应采取可靠措施进行处理。

135. 套筒灌浆连接的施工顺序是怎样的?

灌浆套筒钢筋连接的施工顺序如图 3-19 所示。

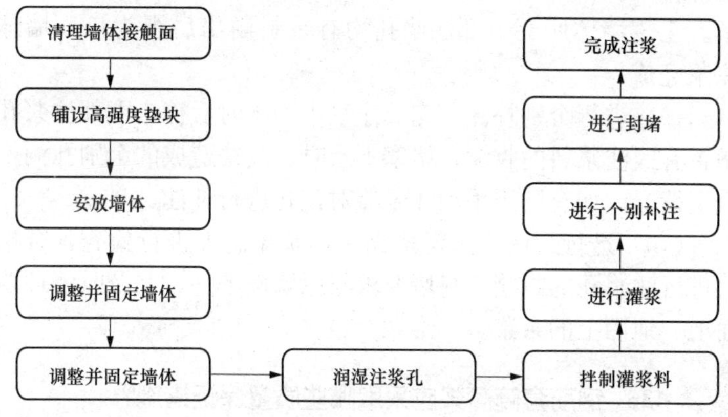

图 3-19　灌浆套筒钢筋连接的施工顺序

（1）清理墙体接触面。在墙体下落前，应保持预制墙体与混凝土接触面无灰渣、无油污、无杂物。

（2）铺设高强度垫块。采用高强度垫块，将预制墙体的标高找好，使预制墙体标高得到有效的控制。

（3）安放墙体。在安放墙体时，应保证每个注浆孔通畅，预留孔洞满足设计要求，孔内无杂物。

（4）调整并固定墙体。墙体安放到位后采用专用支撑杆件进行调节，保证墙体垂直度、平整度在允许误差范围内。

（5）墙体两侧密封。根据现场情况，采用砂浆对两侧缝隙进行密封，确保灌浆料不从缝隙中溢出，减少浪费。

（6）润湿注浆孔。注浆前应用水将注浆孔进行润湿，减少因混凝土吸水导致注浆强度达不到要求，且与灌浆孔连接不牢靠。

（7）拌制灌浆料。搅拌完成后应静置3～5min，待气泡排除后方可进行施工。灌浆料流动度在200～300mm间为合格。

（8）进行注浆。采用专用的注浆机进行注浆，该注浆机使用一定的压力，将灌浆料由墙体下部注浆孔注入，灌浆料先流向墙体下部20mm找平层，当找平层注满后，注浆料由上部排气孔溢出，视为该孔注浆完成，并用泡沫塞子进行封堵。至该墙体所有上部注浆孔均有浆料溢出后视为该面墙体注浆完成。

（9）进行个别补注。完成注浆半个小时后检查上部注浆孔是否有因注浆料的收缩、堵塞不及时、漏浆造成的个别孔洞不密实情况。如有则用手动注浆器对该孔进行补注。

（10）进行封堵。注浆完成后，通知监理进行检查，合格后进行注浆孔的封堵，封堵要求与原墙面平整，并及时清理墙面上、地面上的余浆。

136. 钢筋套筒灌浆应采取哪些质量保证措施？

（1）灌浆料的品种和质量必须符合设计要求和有关标准的规定，且每次搅拌时均应有专人负责搅拌。

（2）每次搅拌应记录用水量，严禁超过设计用量。

（3）注浆前应充分润湿注浆孔洞，防止因孔内混凝土吸水导致灌浆料开裂情况发生。

（4）防止因注浆时间过长导致孔洞堵塞，若在注浆时造成孔洞堵塞应从其他孔洞进行补注，直至该孔洞注浆饱满。

（5）灌浆完毕，立即用清水清洗注浆机、搅拌设备等。

（6）灌浆完成后24h内禁止对墙体进行扰动。

（7）待注浆完成1d后应逐个对注浆孔进行检查，发现有个别未注满的情况应进行补注。

137. 焊接连接可分为哪几种?

焊接是指通过加热（必要时加压），使两根钢筋达到原子间结合的一种加工方法，将原来分开的钢筋构成了一个整体。

常用的焊接方法分为以下三种。

（1）熔焊。所谓的熔焊是指在焊接过程中，将焊件加热至融熔状态不加压力完成的焊接方法。常见的有等离子弧焊、气焊、气体（二氧化碳）保护焊、电弧焊、电渣焊。

（2）压焊。在焊接过程中必须对焊件施加压力（加热或不加热）完成的焊接方法称为压焊，如图 3-20 所示。

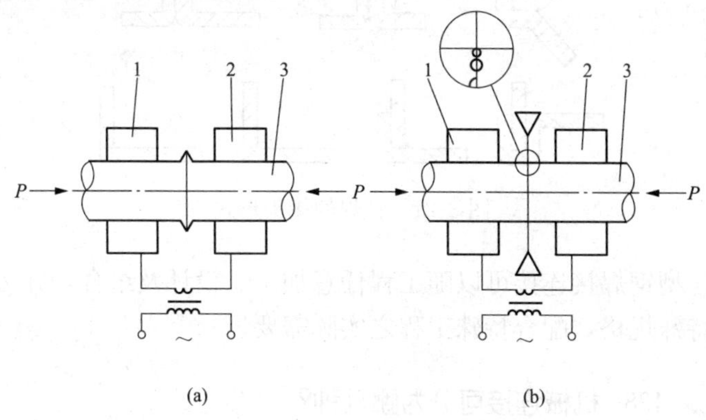

图 3-20　压焊

（a）电阻对焊；（b）闪光对焊

1—固定电极；2—可移动电极；3—焊件；P—压力

（3）钎焊。钎焊是指把各种材料加热到适当的温度，通过使用具有液相温度高于 450℃，但低于母材固相线温度的钎料完成材料的连接。钎焊的接头形式如图 3-21 所示。

焊接连接应用于装配整体式框架结构、装配整体式剪力墙结构中后浇混凝土内的钢筋的连接以及用于钢结构构件连接。

焊接连接是钢结构工程中较为常见的梁柱连接形式，即连接节点采用全熔透坡口对接焊缝连接。

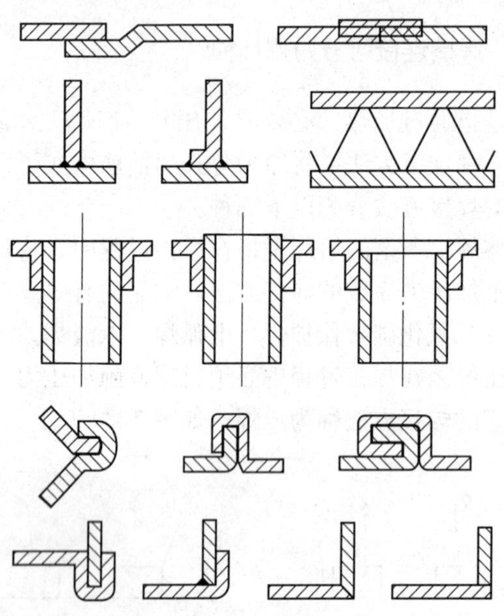

图 3-21 钎焊的接头形式

型钢焊接连接可以随工程任意加工、设计及组合，并可制造特殊规格，配合特殊工程之实际需要。

138. 机械连接可分为哪几种?

钢筋机械连接是指通过连接件的机械咬合作用或钢筋端面的承压作用，将一根钢筋中的力传递至另一根钢筋的连接方法。

钢筋机械连接主要有以下两种类型：钢筋套筒挤压连接和钢筋滚压直螺纹连接。

（1）钢筋套筒挤压连接。钢筋套筒挤压连接接头是通过挤压力使连接件钢套筒塑性变形与带肋钢筋紧密咬合形成的接头。钢筋套筒挤压连接一般有两种形式：径向挤压连接和轴向挤压连接。由于轴向挤压连接现场施工不方便及接头质量不够稳定，没有得到推广，如图 3-22 所示。

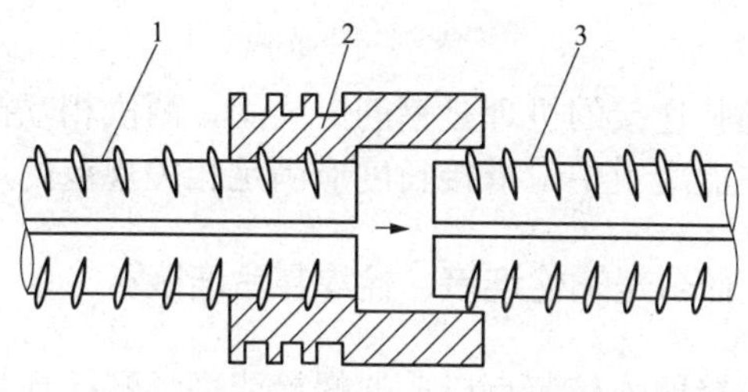

图 3-22　钢筋套筒挤压连接

1—已挤压的钢筋；2—钢套筒；3—未挤压的钢筋

（2）钢筋滚压直螺纹连接。钢筋滚压直螺纹连接接头是通过钢筋端头直接滚压或挤（碾）肋滚压或剥肋后滚压制作的直螺纹和连接件螺纹咬合形成的接头。钢筋滚压直螺纹连接如图 3-23 所示。

图 3-23　钢筋滚压直螺纹连接

钢筋滚压直螺纹连接是利用了金属材料塑性变形后冷作硬化增强金属材料强度的特性，而仅在金属表层发生塑变、冷作硬化，金属内部仍保持原金属的性能，因而使钢筋接头与母材达到等强。

钢筋滚压直螺纹连接主要应用于装配整体式框架结构、装配整体式剪力墙结构、装配整体式框—剪结构中的后浇混凝土内纵向钢筋的连接。

139. 什么是钢筋的绑扎连接?

钢筋绑扎连接是将两根钢筋通过细钢丝绑扎在一起的连接

方式。

钢筋绑扎连接的机理是钢筋的锚固，两段相互搭接的钢筋各自锚固在混凝土中，搭接长度应满足相关规范的规定。

140. 什么是螺栓连接、栓焊混合连接？

螺栓连接即连接节点以普通螺栓或高强螺栓现场连接，以传递轴力、弯矩与剪力的连接形式。

螺栓连接分为全螺栓连接、栓焊混合连接两种连接方式，如图 3-24 所示。

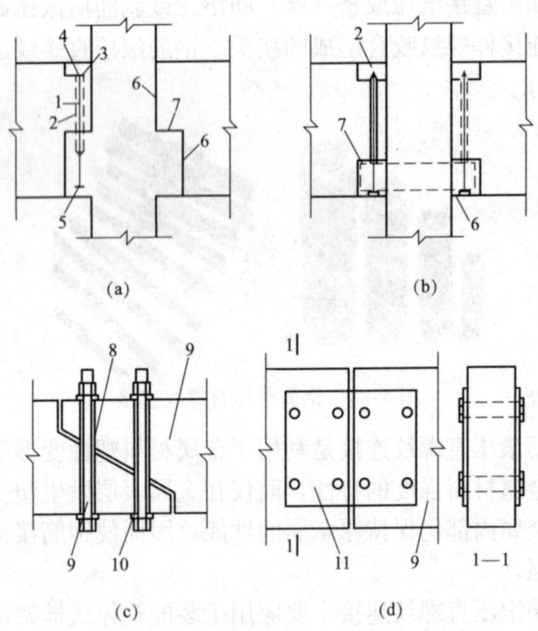

图 3-24 螺栓连接

(a) 螺栓连接的牛腿；(b) 螺栓连接的预制梁；

(c) 螺栓连接的企口接头；(d) 螺栓连接的梁

1—螺栓；2—灌浆；3—垫板；4—螺母；5—浇入的螺杆和螺套；6—灌浆；7—可调的支座；8—预留孔；9—预制梁；10—垫圈；11—钢板

螺栓连接主要适用于装配式框架结构中的柱、梁的连接；装配整体式剪力墙结构中预制楼梯的安装连接（牛腿）如图3-25所示。

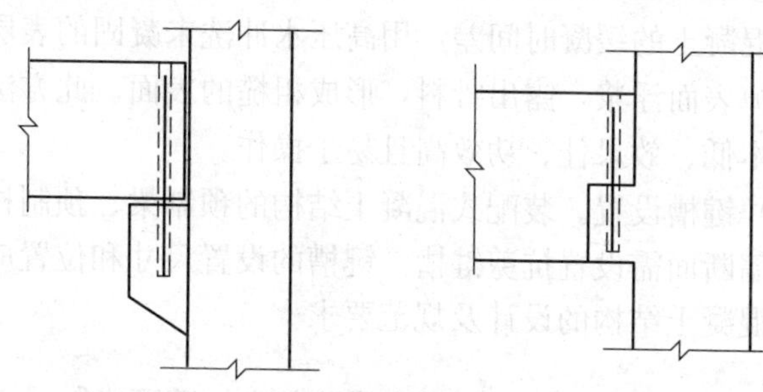

图 3-25 牛腿连接

栓焊混合连接是目前多层、高层钢框架结构工程中最为常见的梁柱连接节点形式，即梁的上、下翼缘采用全熔透坡口对接焊缝，而梁腹板采用普通螺栓或高强螺栓与柱连接的形式。

141. 混凝土连接有什么要求?

混凝土连接主要是指预制构件与后浇混凝土之间的连接。为加强预制部件与后浇混凝土之间的连接，预制部件与后浇混凝土的结合面要设置相应的粗糙面和抗剪键槽。

（1）粗糙面处理。粗糙面处理即通过外力使预制部件与后浇混凝土结合处变得粗糙、露出碎石等骨料。通常有 3 种方法：人工凿毛法、机械凿毛法、缓凝水冲法。

1）人工凿毛法：是指工人使用铁锤和凿子剔除预制部件结合面的表皮，露出碎石骨料，增加结合面的黏结粗糙度。此方法的优点是简单、易于操作。缺点是费工费时、效率低。

2）机械凿毛法：使用专门的小型凿岩机配置梅花平头钻，剔除结合面混凝土的表皮，增加结合面的黏结粗糙度。此方法的优点是方便快捷，机械小巧易于操作。缺点是操作人员的作业环境差，粉尘污染。

3）缓凝水冲法：是混凝土结合面粗糙度处理的一种新工艺，是指在部品构件混凝土浇筑前，将含有缓凝剂的浆液涂刷在模板壁上。浇筑混凝土后，利用已浸润缓凝剂的表面混凝土与内部混凝土的缓凝时间差，用高压水冲洗未凝固的表层混凝土，冲掉表面浮浆，露出骨料，形成粗糙的表面。此方法的优点是成本低、效果佳、功效高且易于操作。

（2）键槽设置。装配式混凝土结构的预制梁、预制柱及预制剪力墙断面需设置抗剪键槽。键槽的设置尺寸和位置应符合装配式混凝土结构的设计及规范要求。

142. 叠合楼（屋）面板有哪些节点构造要求？

（1）预制混凝土与后浇混凝土之间的结合面应设置粗糙面。粗糙面的凹凸深度不应小于4mm，以保证叠合面具有较强的黏结力，使两部分混凝土共同有效地工作。预制板厚度由于脱模、吊装、运输、施工等因素，最小厚度不宜小于60mm。后浇混凝土层最小厚度不应小于60mm，主要考虑楼板的整体性以及管线预埋、面筋铺设、施工误差等因素。当板跨度大于3m时，宜采用桁架钢筋混凝土叠合板，可增加预制板的整体刚度和水平抗剪性能；当板跨度大于6m时，宜采用预应力混凝土预制板，节省工程造价；板厚大于180mm的叠合板，其预制部分采用空心板，空心板端空腔应封堵，可减轻楼板自重，提高经济性能。

（2）叠合板支座处的纵向钢筋应符合下列规定。

1）端支座处，预制板内的纵向受力钢筋宜从板端伸出并锚入支撑梁或墙的后浇混凝土中，锚固长度不应小于15d（d为纵向受力钢筋直径），且宜伸过支座中心线，如图3-26（a）所示。

2）单向叠合板的板侧支座处，当板底分布钢筋不伸入支座时，宜在紧邻预制板顶面的后浇混凝土叠合层中设置附加钢筋，附加钢筋截面面积不宜小于预制板内的同向分布钢筋面积，间距不宜大于600mm，在板的后浇混凝土叠合层内锚固长度不应小于 15d，在支座内锚固长度不应小于 15d（d 为附加钢筋直径）且宜伸过支座中心线，如图 3-26（b）所示。

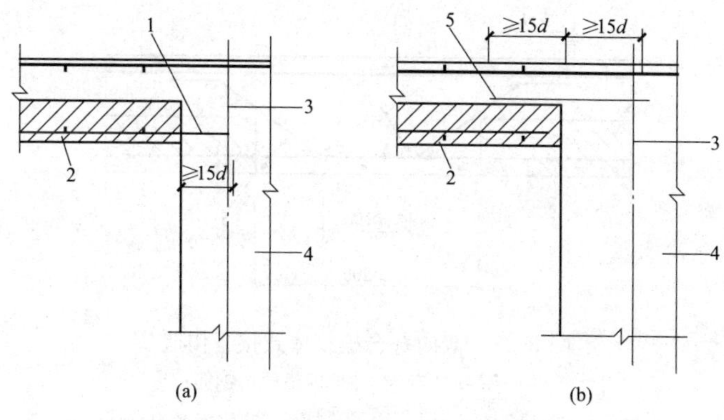

图 3-26　叠合板端及板侧支座构造

（a）板端支座；（b）板侧支座

1—纵向受力钢筋；2—预制板；3—支座中心线；4—支座梁或墙；5—附加钢筋

（3）单向叠合板板侧的分离式接缝宜配置附加钢筋，如图 3-27 所示。接缝处紧邻预制板顶面宜设置垂直于板缝的附加钢筋，附加钢筋伸入两侧后浇混凝土叠合层的锚固长度不应小于 15d（d 为附加钢筋直径）；附加钢筋截面面积不宜小于预制板中该方向钢筋面积，钢筋直径不宜小于 6mm、间距不宜大于 250mm。

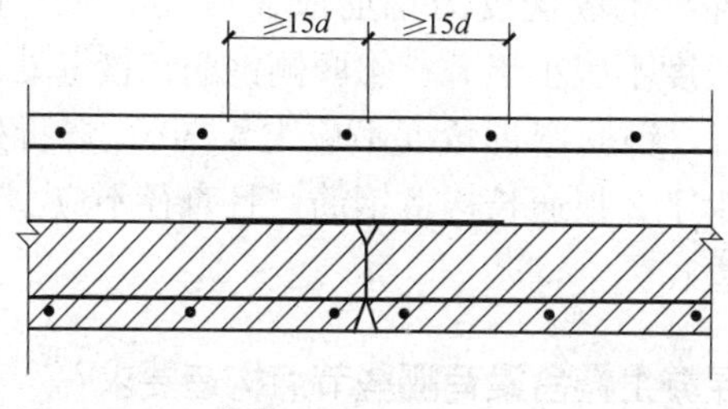

图 3-27　单向叠合板板侧分离式拼缝构造

（4）双向叠合板板侧的整体式接缝处由于有应变集中情

况，宜将接缝设置在叠合板的次要受力方向上且宜避开最大弯矩截面，如图 3-28 所示。

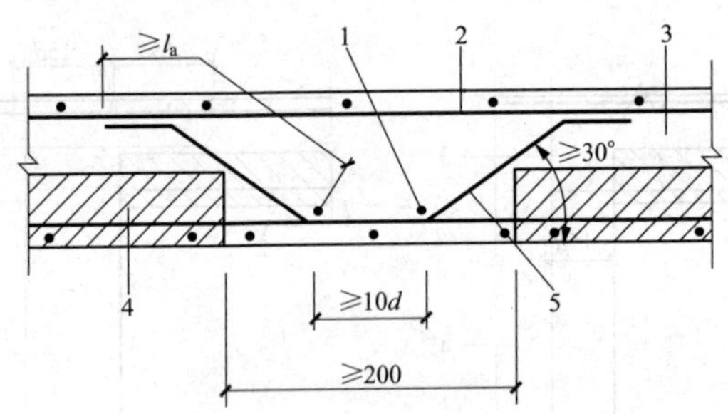

图 3-28　双向叠合板整体式接缝构造

1—通长构造钢筋；2—后浇层内钢筋；

3—后浇混凝土叠合层；4—预制板；5—纵向受力钢筋

接缝可采用后浇带形式，并应符合下列规定。

1）后浇带宽度不宜小于 200mm。

2）后浇带两侧板底纵向受力钢筋可在后浇带中焊接、搭接连接、弯折锚固。

3）当后浇带两侧板底纵向受力钢筋在后浇带中弯折锚固时，应符合下列规定：①叠合板厚度不应小于 $10d$（d 为弯折钢筋直径的较大值），且不应小于 120mm；②垂直于接缝的板底纵向受力钢筋配置量宜按计算结果增大 15%配置；③接缝处预制板侧伸出的纵向受力钢筋应在后浇混凝土叠合层内锚固，且锚固长度不应小于 l_a；④两侧钢筋在接缝处重叠的长度不应小于 $10d$，钢筋弯折角度不应大于 30°，弯折处沿接缝方向应配置不少于 2 根通长构造钢筋，且直径不应小于该方向预制板内钢筋直径。

143. 混凝土叠合梁有哪些节点构造要求?

混凝土叠合梁的预制梁截面一般有两种，分为矩形截面预制梁和凹口截面预制梁。

（1）装配式混凝土结构中，当采用叠合梁时，预制梁端的粗糙面凹凸深度不应小于 6mm，框架梁的后浇混凝土叠合层厚度不宜小于 150mm，次梁的后浇混凝土叠合板厚度不宜小于 120mm，如图 3-29（a）所示；当采用凹口截面预制梁时，凹口深度不宜小于 50mm，凹口边厚度不宜小于 60mm，如图 3-29（b）所示。

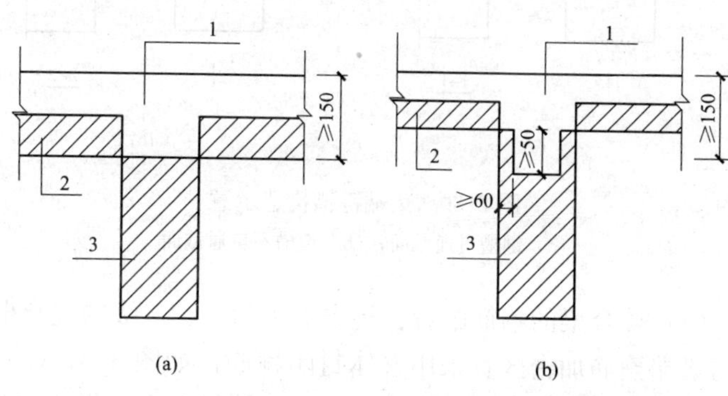

图 3-29 叠合梁截面示意

（a）矩形截面预制梁；（b）凹口截面预制梁

1—后浇混凝土叠合层；2—预制板；3—预制梁

（2）为提高叠合梁的整体性能，使预制梁与后浇层之间有效地结合为整体，预制梁与后浇混凝土、灌浆料、坐浆材料的结合面应设置粗糙面，预制梁端面应设置键槽，如图 3-30 所示。

预制梁端的粗糙面凹凸深度不应小于 6mm，键槽尺寸和数量应按《装配式混凝土结构技术规程》（JGJ 1—2014）的规定计算确定。

键槽的深度 t 不宜小于 30mm，宽度 w 不宜小于深度的 3 倍且不宜大于深度的 10 倍；键槽可贯通截面，当不贯通时槽口距离截面边缘不宜小于 50mm，键槽间距宜等于键槽宽度，键槽端部斜面倾角不宜大于 30°。粗糙面的面积不宜小于结合面的 80%。

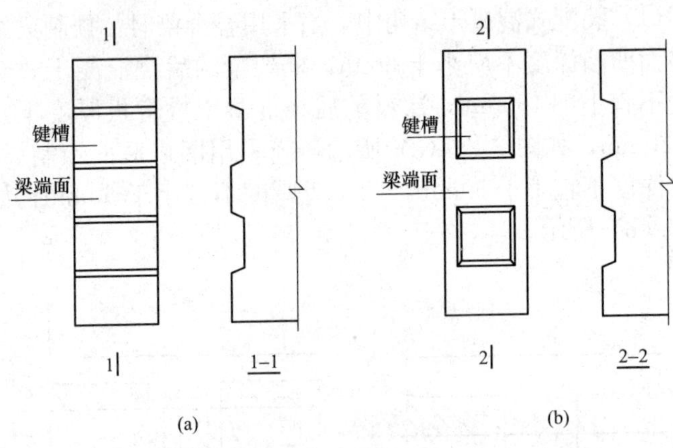

图 3-30　梁端键槽构造示意

（a）键槽贯通截面；（b）键槽不贯通截面

（3）叠合梁的箍筋配置：抗震等级为一、二级的叠合框架梁的梁端箍筋加密区宜采用整体封闭箍筋，如图 3-31（a）所示。采用组合封闭箍筋的形式时，开口箍筋上方应做成135°弯钩，如图 3-31（b）所示。非抗震设计时，弯钩端头平直段长度不应小于 5d（d 为箍筋直径）。抗震设计时，弯钩端头平直段长度不应小于 10d。

现浇应采用箍筋帽封闭开口箍，箍筋帽末端应做成 130°弯钩。非抗震设计时，弯钩端头平直段长度不应小于 5d。抗震设计时，弯钩端头平直段长度不应小于 10d。

（4）叠合梁可采用对接连接，并应符合下列规定。

1）连接处应设置后浇段，后浇段的长度应满足梁下部纵向钢筋连接作业的空间需求。

2）梁下部纵向钢筋在后浇段内宜采用机械连接、套筒灌浆连接或焊接连接。

3）后浇段内的箍筋应加密，箍筋间距不应大于 5d（d 为纵向钢筋直径），且不应大于 100mm。

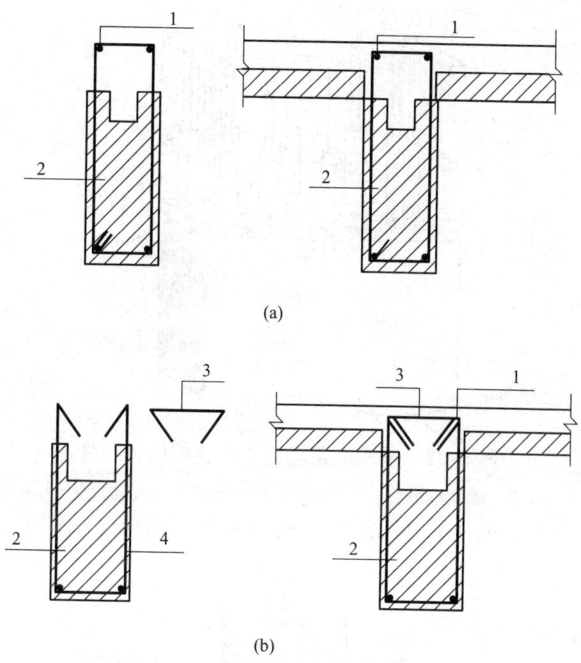

图 3-31　叠合梁箍筋构造示意

(a) 整体封闭箍筋；(b) 组合封闭箍筋

1—上部纵向钢筋；2—预制梁；3—箍筋帽；4—开口箍筋

144. 预制混凝土柱有哪些节点构造要求?

预制混凝土柱连接节点通常为湿式连接，如图 3-32 所示。

(1) 采用预制柱及叠合梁的装配整体式框架中，柱底接缝宜设置在楼面标高处，后浇节点区混凝土上表面应设置粗糙面，柱纵向受力钢筋应贯穿后浇节点区，如图 3-33 所示。柱底接缝厚度宜为 20mm，并采用灌浆料填实。

(2) 采用预制柱及叠合梁的装配整体式框架节点，梁纵向受力钢筋应伸入后浇节点区内锚固或连接。上下预制柱采用钢筋套筒连接时，在套筒长度＋50cm 的范围内，在原设计箍筋间距的基础上加密箍筋，如图 3-34 所示。

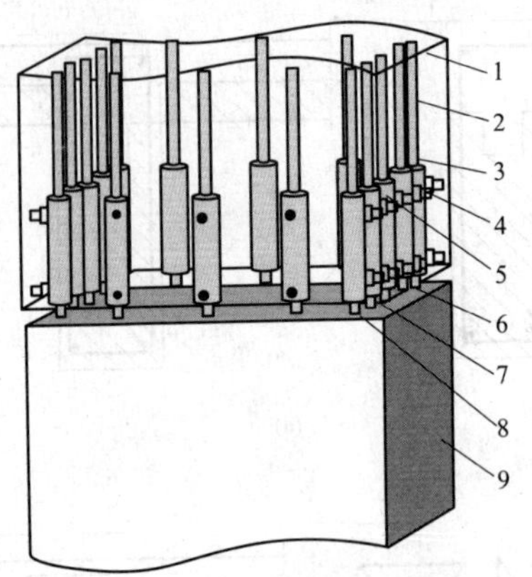

图 3-32　采用灌浆套筒湿式连接的预制柱

1—柱上端；2—螺纹端钢筋；3—水泥灌浆直螺纹连接套筒；4—出浆孔接头；5、7—PVC管；6—灌浆孔接头；8—灌浆端钢筋；9—柱下端

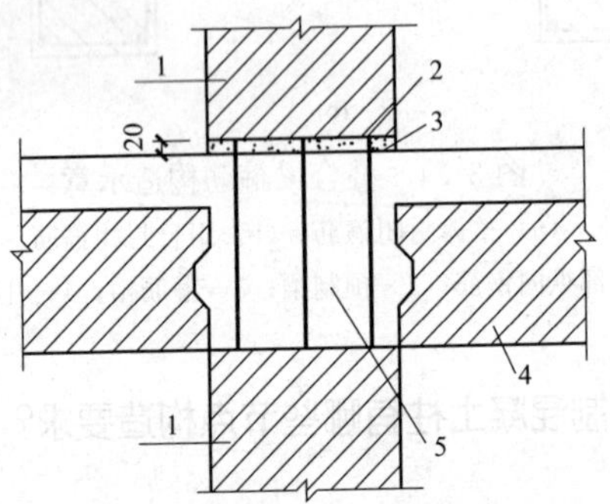

图 3-33　预制柱底接缝构造示意

1—预制柱；2—接缝灌浆层；3—后浇节点区混凝土上表面粗糙面；4—预制梁；5—后浇区

梁、柱纵向钢筋在后浇节点区间内采用直线锚固、弯折锚固或机械锚固方式时，其锚固长度应符合现行国家标准《混凝土结构设计规范》（GB 50010—2010）中的有关规定。当梁、柱纵向钢筋采用锚固板时，应符合现行行业标准《钢筋锚固板应用技术规程》（JGJ 256—2011）中的有关规定。

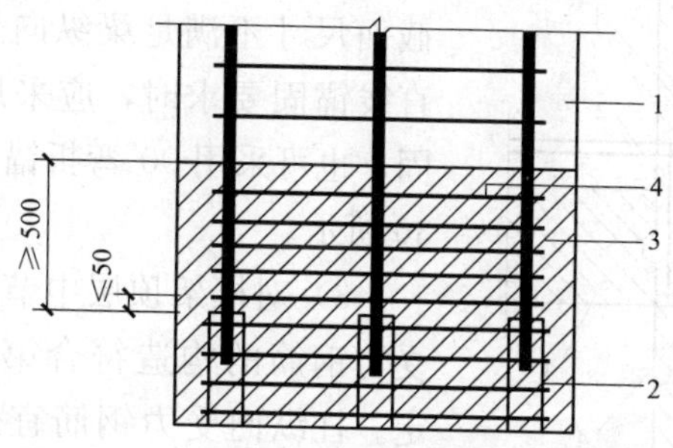

图 3-34　钢筋采用套筒灌浆连接时，柱底箍筋加密区域构造示意
1—预制柱；2—套筒灌浆连接接头；
3—箍筋加密区（阴影区域）；4—加密区箍筋

1）对框架中间层中节点，节点两侧的梁下部纵向受力钢筋宜锚固在后浇节点区内，可采用 90°弯折锚固，也可采用机械连接或焊接的方式直接连接，如图 3-35 所示；梁的上部纵向受力钢筋应贯穿后浇节点区。

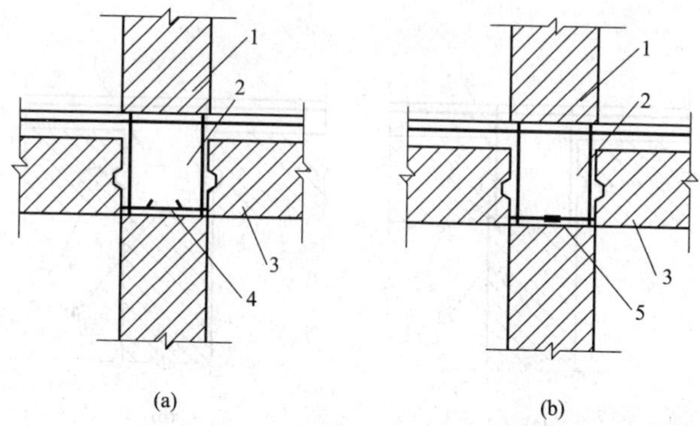

图 3-35　预制柱及叠合梁框架中间层中节点构造示意
（a）梁下部纵向受力钢筋锚固；（b）梁下部纵向受力钢筋连接
1—预制柱；2—后浇区；3—预制梁；
4—梁下部纵向受力钢筋锚固；5—梁下部纵向受力钢筋连接

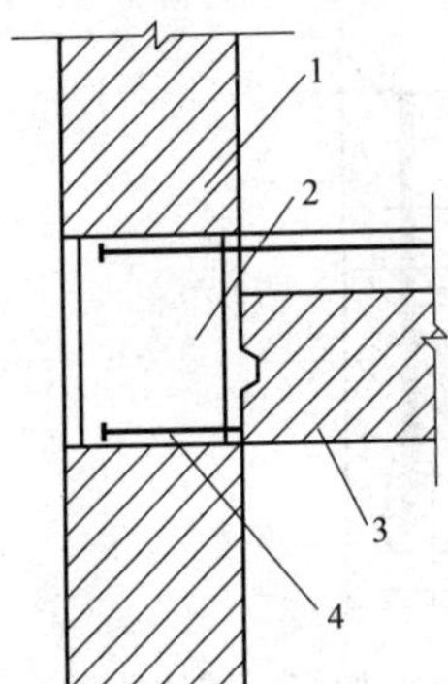

图 3-36　预制柱及叠合梁框架

1—预制柱；2—后浇区；3—预制梁；4—梁纵向受力钢筋锚固

2）对框架中间层端节点，当柱截面尺寸不满足梁纵向受力钢筋的直线锚固要求时，应采用锚固板锚固，也可采用 90°弯折锚固，如图 3-36 所示。

3）对框架顶层中节点，梁纵向受力钢筋的构造符合第 1）款的规定。柱纵向受力钢筋宜采用直线锚固；当梁截面尺寸不满足直线锚固要求时，宜采用锚固板锚固，如图 3-37 所示。

4）对框架顶层端节点，梁下部纵向受力钢筋应锚固在后浇节点区内，且宜采用锚固板的锚固方式。梁、柱其他纵向受力钢筋的锚固应符合下列规定：①柱宜伸出屋面并将柱纵向受力钢筋锚固在伸

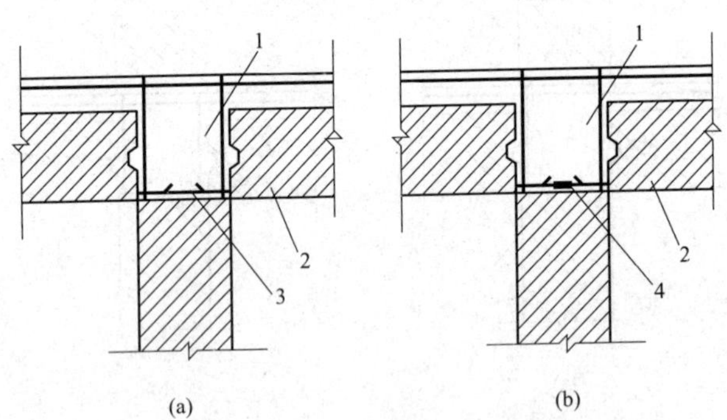

图 3-37　预制柱及叠合梁框架顶层中节点构造示意

（a）梁下部纵向受力钢筋锚固；（b）梁下部纵向受力钢筋连接

1—后浇区；2—预制梁；3—梁下部纵向受力钢筋锚固；4—梁下部纵向受力钢筋连接

出段内，伸出段长度不宜小于 500mm，伸出段内箍筋间距不应大于 $5d$（d 为柱纵向受力钢筋直径），且不应大于 100mm；②柱纵向受力钢筋宜采用锚固板锚固，锚固长度不应小于 $40d$；③梁上部纵向受力钢筋宜采用锚固板锚固，如图 3-38（a）所示。

柱外侧纵向受力钢筋也可与梁上部纵向受力钢筋在后浇节点区搭接，其构造要求应符合现行国家标准《混凝土结构设计规范》（GB 50010—2010）中的规定。柱内侧纵向受力钢筋宜采用锚固板锚固，如图 3-38（b）所示。

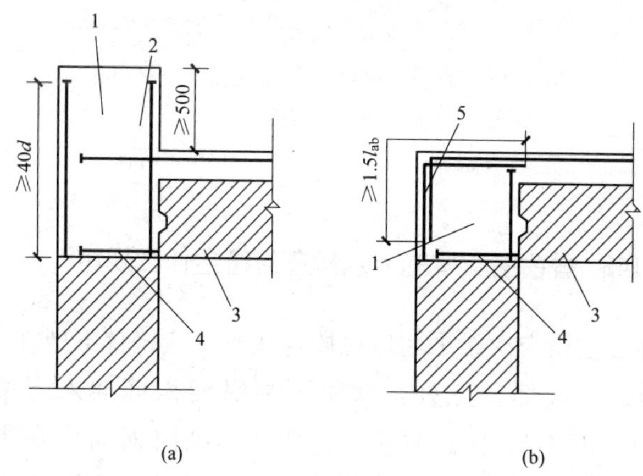

图 3-38　预制柱及叠合梁框架顶层边节点构造示意

（a）柱向上伸长；（b）梁柱外侧钢筋搭接

1—后浇段；2—柱延伸段；3—预制梁；

4—梁下部纵向受力筋锚固；5—梁柱外侧钢筋搭接

5）采用预制柱及叠合梁的装配整体式框架节点，梁下部纵向受力钢筋也可伸至节点区外的后浇段内连接，连接接头与节点区的距离不应小于 $1.5h_0$（h_0 为截面有效高度），如

图3-39所示。

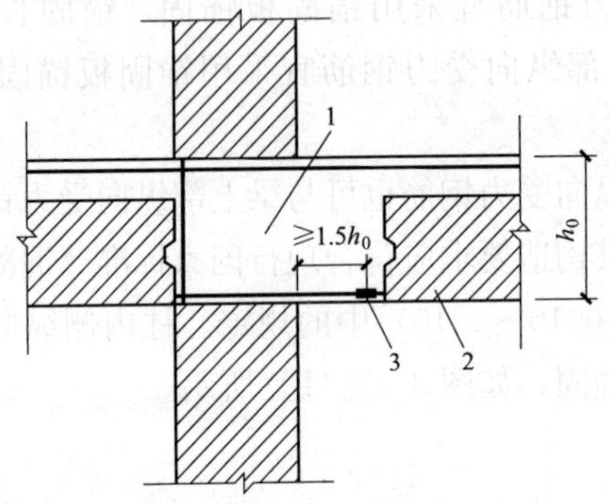

图 3-39　梁下部纵向受力钢筋在节点区外的后浇段内连接示意

1—后浇段；2—预制梁；3—纵向受力钢筋

145. 叠合主次梁的节点构造应符合什么规定?

叠合主梁与次梁采用后浇段连接时，应符合下列规定。

（1）在端部节点处，次梁下部纵向钢筋伸入主梁后浇段内的长度不应小于 $12d$。次梁上部纵向钢筋应在主梁后浇段内锚固。当采用弯折锚固或锚固板时，锚固直段长度不应小于 $0.6l_{ab}$，如图 3-40（a）所示；当钢筋应力不大于钢筋强度设计值的 50%时，锚固直段长度不应大于 $0.35l_{ab}$；弯折锚固的弯折后直段长度不应小于 $12d$（d 为纵向钢筋直径）。

（2）在中间节点处，两侧次梁的下部纵向钢筋伸入主梁后浇段内长度不应小于 $12d$（d 为纵向钢筋直径）；次梁上部纵向钢筋应在现浇层内贯通，如图 3-40（b）所示。

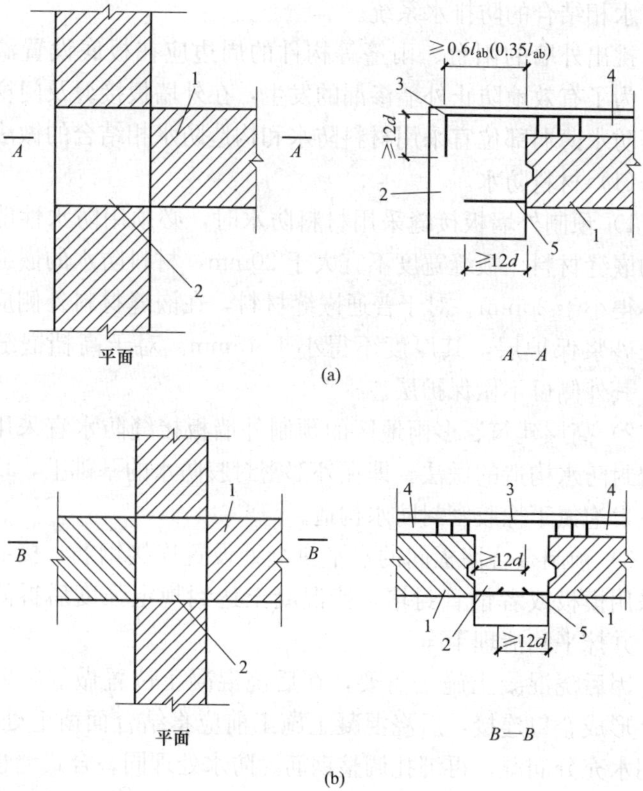

图 3-40　叠合主次梁的节点构造

（a）端部节点；（b）中间节点

1—次梁；2—主梁后浇段；3—次梁上部纵向钢筋；

4—后梁混凝土叠合层；5—次梁下部纵向钢筋

 146. 预制外墙的接缝和防水设置应符合什么要求？

外墙板为建筑物的外部结构，直接受到雨水的冲刷，预制外墙板接缝（包括屋面女儿墙、阳台、勒脚等处的竖缝、水平缝、十字缝以及窗口处）必须进行处理，并根据不同部位接缝特点及当地气候条件选用构造防水、材料防水或构造防水与材

料防水相结合的防排水系统。

挑出外墙的阳台、雨篷等构件的周边应在板底设置滴水线。为了有效地防止外墙渗漏的发生，在外墙板接缝及门窗洞口等防水薄弱部位宜采用材料防水和构造防水相结合的做法。

（1）材料防水。

1）预制外墙板接缝采用材料防水时，必须用防水性能可靠的嵌缝材料。板缝宽度不宜大于20mm，材料防水的嵌缝深度不得小于20mm。对于普通嵌缝材料，在嵌缝材料外侧应勾水泥砂浆保护层，其厚度不得小于15mm。对于高档嵌缝材料，其外侧可不做保护层。

2）高层建筑、多雨地区的预制外墙板接缝防水宜采用两道密封防水构造的做法，即在外部密封胶防水的基础上，增设一道发泡氯丁橡胶密封防水构造。

3）预制叠合墙板间的水平拼缝处设置连接钢筋，接缝位置采用模板或者钢管封堵，待混凝土达到规定强度后拆除模板，并抹平和清理干净。

因后浇混凝土施工需要，在后浇混凝土位置做好临时封堵，形成企口连接，后浇混凝土施工前应将结合面凿毛处理，并用水充分润湿，再绑扎调整钢筋。防水处理同叠合式墙板水平拼缝节点处理，拼缝位置的防水处理采取增设防水附加层的做法。

（2）构造防水。构造防水是采取合适的构造形式，阻断水的通路，以达到防水的目的。如在外墙板接缝外口设置适当的线型构造（立缝的沟槽，平缝的挡水台、披水等），形成空腔，截断毛细管通路，利用排水沟将渗入板缝的雨水排出墙外，防止向室内渗漏。即使渗入，也能沿槽口引流至墙外。预制外墙板接缝采用构造防水时，水平缝宜采用企口缝或高低缝，少雨地区可采用平缝，如图3-41所示。竖缝宜采用双直槽缝，少雨地区可采用单斜槽缝。女儿墙墙板构造防水如图3-42所示。

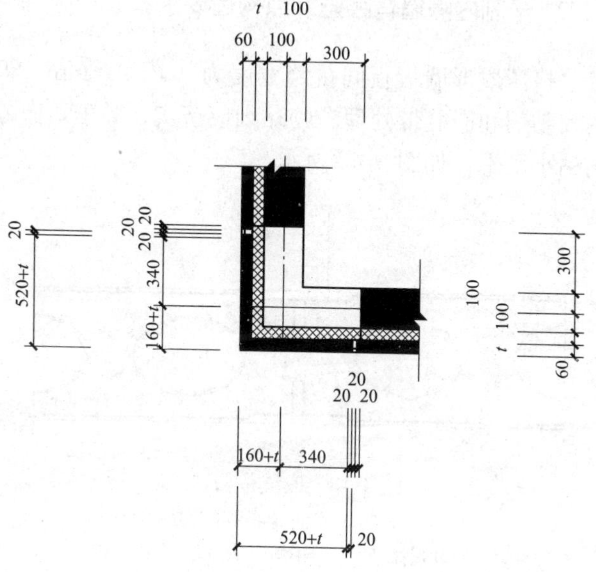

图 3-41　预制外墙板构造防水

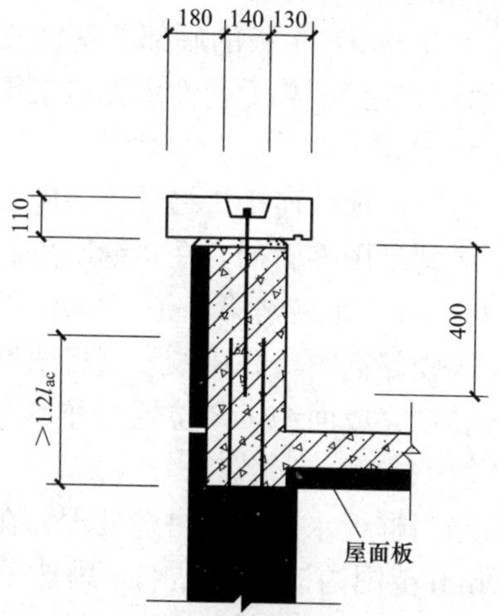

图 3-42　女儿墙墙板构造防水

147. 预制内隔墙有哪些节点构造要求?

(1) 挤压成形墙板板间拼缝宽度为(5±2)mm。板必须用专用胶黏剂和嵌缝带处理。胶黏剂应挤实、黏牢,嵌缝带用嵌缝剂粘牢刮平,如图3-43所示。

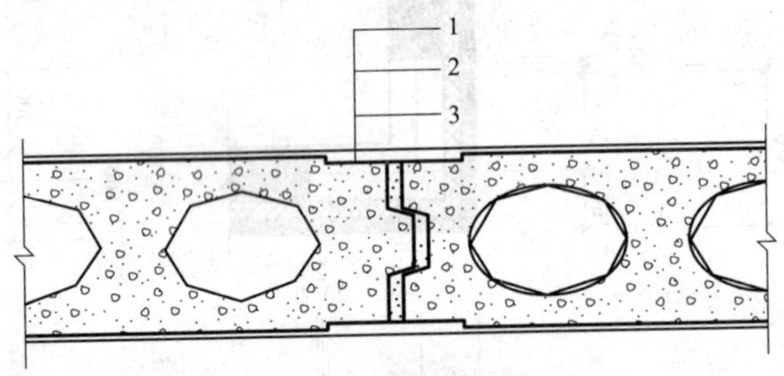

图3-43　嵌缝带构造

1—骑缝贴100mm宽嵌缝带并用胶黏剂抹平;
2—胶黏剂抹平;3—凹槽内贴50mm宽嵌缝带

(2) 预制内墙板与楼面连接处理。墙板安装经检验合格24h内,用细石混凝土(高度大于30mm)或1∶2干硬性水泥砂浆(高度不大于30mm)将板的底部填塞密实,底部填塞完成7d后,撤出木楔并用1∶2干硬性水泥砂浆填实木楔孔,如图3-44所示。

(3) 门头板与结构顶板连接拼缝处理。施工前30min开始清理阴角基面、涂刷专用界面剂,在接缝阴角满刮一层专用胶黏剂,厚度约为3mm,并黏贴第一道50mm宽的嵌缝带;用抹子将嵌缝带压入胶黏剂中,并用胶黏剂将凹槽抹平墙面;嵌缝带宜埋于距胶黏剂完成面约1/3位置处并不得外露,如图3-45所示。

(4) 门头板与门框板水平连接拼缝处理。在墙板与结构板底夹角两侧100mm范围内满刮胶黏剂,用抹子将嵌缝带压入到胶黏剂中抹平。门头板拼缝处开裂几率较高,施工时应注意胶黏剂的饱满度,并将门头板与门框板顶实,在板缝黏结材料

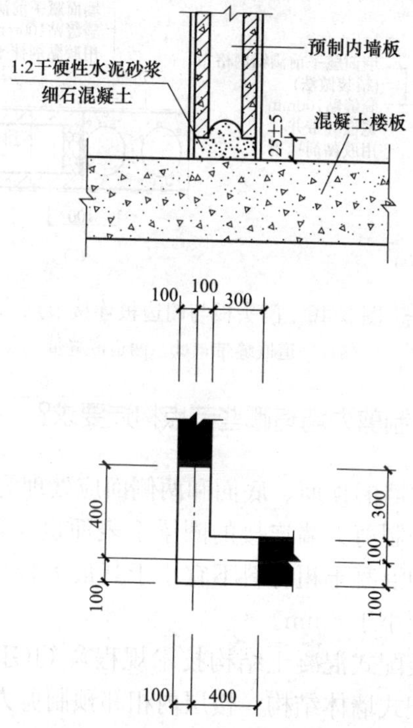

图 3-44　预制内墙与楼面连接节点

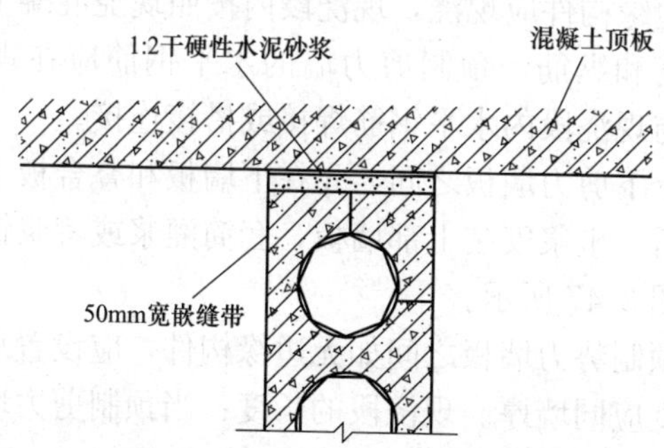

图 3-45　门头板和混凝土顶板连接节点

和填缝材料未达到强度之前，应避免使门框板受到较大的撞击，如图 3-46 所示。

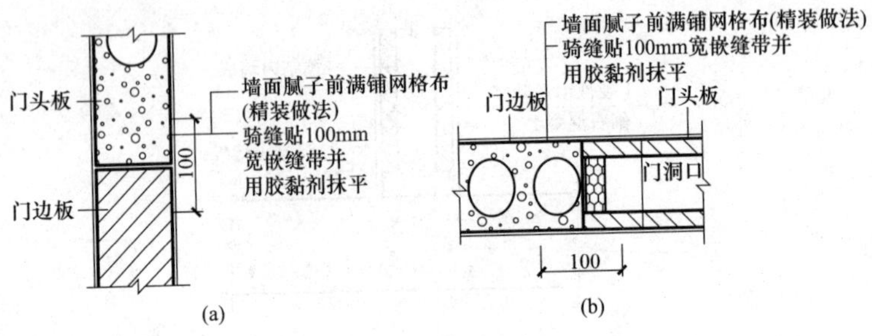

图 3-46　门头板与门边板连接节点

(a) 一道嵌缝带；(b) 两道嵌缝带

148. 预制剪力墙有哪些节点构造要求?

预制剪力墙的顶面、底面和两侧面应处理为粗糙面或者制作键槽，与预制剪力墙连接的圈梁上表面也应处理为粗糙面。粗糙面露出的混凝土粗骨料不宜小于其最大粒径的 1/3，且粗糙面凹凸不应小于 6mm。

根据《装配式混凝土结构技术规程》(JGJ 1—2014)，对高层预制装配式墙体结构，楼层内相邻预制剪力墙的连接应符合下列规定。

(1) 边缘构件应现浇，现浇段内按照现浇混凝土结构的要求设置箍筋和纵筋。预制剪力墙的水平钢筋应在现浇段内锚固，或者与现浇段内水平钢筋焊接或搭接连接。

(2) 上下剪力墙板之间，先在下墙板和叠合板上部浇筑圈梁连续带后，坐浆安装上部墙板，套筒灌浆或者浆锚搭接进行连接，如图 3-47 所示。

相邻预制势力墙板之间如无边缘构件，应设置现浇段，现浇段的宽度应同墙厚。现浇段的长度：当预制剪力墙的长度不大于 1500mm 时不宜小于 150mm，大于 1500mm 时不宜小于 200mm。现浇段内应设置竖向钢筋和水平环箍，竖向钢筋配筋率不小于墙体竖向分布筋配筋率，水平环箍配筋率不小于墙体水平钢筋配筋率，如图 3-48 所示。

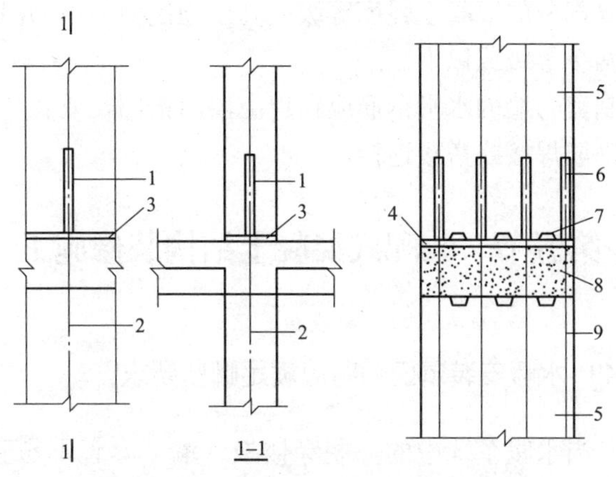

图 3-47　预制剪力墙板上下节点连接

1—钢筋套筒灌浆连接；2—连接钢筋；3—坐浆层；
4—坐浆；5—预制墙体；6—浆锚套筒连接或浆锚搭接连接；
7—键槽或粗糙面；8—现浇圈梁；9—竖向连接筋

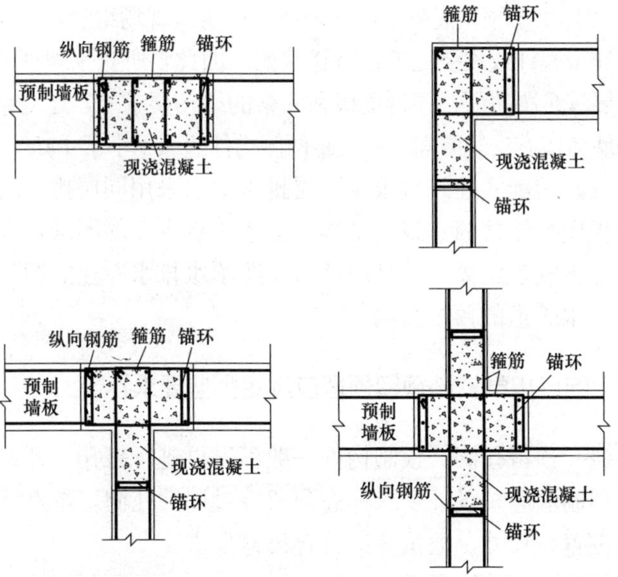

图 3-48　预制墙板间节点连接

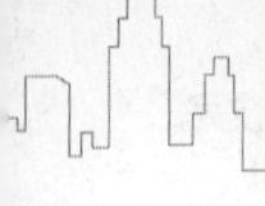

现浇部分的混凝土强度等级应高于预制剪力墙的混凝土强度等级两个等级或以上。

预制剪力墙的水平钢筋应在现浇段内锚固，或者与现浇段内水平钢筋焊接或搭接连接。

第五节　装配式混凝土结构装修施工

149. 水暖安装洞口预留应满足哪些要求?

（1）当水暖系统中的一些穿楼板（墙）套管不易安装时，可采用直接预埋套管的方法，埋设于楼（屋）面、空调板、阳台板上，包括地漏、雨水斗等，需要预先埋设套管。有预埋管道附件的预制构件在工厂加工时，应做好保洁工作，避免附件被混凝土等材料污染、堵塞。

（2）由于预制混凝土构件是在工厂生产现场组装，和主体结构间靠金属件或现浇处理进行连接的。因此，所有预埋件的定位除了要满足距墙面、穿越楼板和穿梁的结构要求外，还应给金属件和墙体留有安装空间，一般距两侧构件边缘不小于40mm。

（3）装配式建筑宜采用同层排水。当采用同层排水时，下部楼板应严格按照建筑、结构、给水排水专业的图纸，预留足够的施工安装距离。并且应严格按照给水排水专业的图纸，预留好排水管道的预留孔洞。

150. 电气安装预留预埋应满足哪些要求?

（1）预留孔洞。预制构件一般不得再进行打孔、开洞，特别是预制墙应按设计要求标高预留好过墙的孔洞，重点注意预留的位置、尺寸、数量等应符合设计要求。

（2）预埋管线及预埋件。电气施工人员对预制墙构件进行检查，检查需要预埋的箱盒、线管、套管、大型支架埋件等是否漏设，规格、数量、位置等是否符合要求。预制墙构件中主要埋设配电箱、等电位联结箱、开关盒、插座盒、弱电系统接线盒（消防显示器、控制器、按钮、电话、电视、对讲机等）及其管线。预埋管线应畅通，金属管线内外壁应按规定做除锈和防腐处理，清除管口毛刺。埋入楼板及墙内管线的保护层不小于15mm，消防管路保护层不小于30mm。

（3）防雷、等电位联结点的预埋。装配式建筑的预制柱是在工厂加工制作的，两段柱体对接时，较多采用的是套筒连接方式：一段柱体端部为套筒，另一段为钢筋，钢筋插入套筒后注浆。如用柱结构钢筋作为防雷引下线，就要将两段柱体钢筋用等截面钢筋焊接起来，达到电气贯通的目的。选择柱体内的两根钢筋作为引下线和设置预埋件时，应尽量选择预制墙、柱的内侧，以便于后期焊接操作。预制构件生产时应注意避雷引下线的预留预埋，在柱子的两个端部均需要焊接与柱筋同截面的扁钢作为引下线埋件。应在设有引下线的柱子室外地面上500mm处，设置接地电阻测试盒，测试盒内测试端子与引下线焊接。此处应在工厂加工预制柱时做好预留，预制构件进场时现场管理人员进行检查验收。预制构件应在金属管道入户处做等电位联结，卫生间内的金属构件应进行等电位联结，应在预制构件中预留好等电位联结点。整体卫浴内的金属构件应在部品内完成等电位联结，并标明和外部联结的接口位置。为防止侧击雷，应按照设计图纸的要求，将建筑物内的各种竖向金属管道与钢筋连接，部分外墙上的栏杆、金属门窗等较大金属物要与防雷装置相连，结构内的钢筋连成闭合回路作为防侧击雷接闪带。均压环及防侧击雷接闪带均须与引下线做可靠连接，预制构件处需要按照具体设计图纸要求预埋连接点。

151. 整体卫浴安装预留预埋应满足哪些条件？

（1）施工测量卫生间截面进深、开间、净高、管道井尺寸、窗高、地漏、排水管口的尺寸、预留的冷热水接头、电气线盒、管线、开关、插座的位置等，此外应提前确认楼梯间、电梯的通行高度、宽度以及进户门的高度、宽度等，以便于整体卫浴部件的运输。

（2）卫生间地面找平，给水排水预留管口检查，确认排水管道及地漏是否畅通无堵塞现象，检查洗脸面盆排水孔是否可以正常排水，给水预留管口进行打压检查，确认管道无渗漏水问题。

（3）按照整体卫浴说明书进行防水底盘加强筋的布置，加强筋布置时应考虑底盘的排水方向，同时应根据图纸设计要求在防水底盘上安装地漏等附件。

152. 装配式混凝土结构装修施工时应注意哪些问题？

（1）室内装修施工前应进行设计交底，并对装修工程基层进行检验，合格后方可进行下道工序。

（2）防水工程应做两次 24h 蓄水试验，防水材料和施工要点应符合国家现行有关标准的规定。

（3）抹灰工程应采用预拌砂浆，抹灰前应对不同材料基体交接表面采取防开裂的加强措施。

（4）非承重内隔墙应采用装配式施工技术，内隔墙与主体结构连接必须符合设计要求，宜采用柔性连接方式，连接可靠，现场无湿作业和二次加工。

（5）墙和地面瓷砖、石材等铺装工程应在隐蔽工程完成并经验收后进行，铺装材料应在工厂加工编号，无现场切割。

（6）各种柜体、内门等木制品和木装饰等部品、部件应采用工厂定制，现场装配施工，部件之间连接采用标准化接口，无现场切割。

153. 设备管线在施工时应注意哪些问题？

（1）设备管线应结合预制构件深化设计同步进行管线综合设计，减少平面交叉；竖向管线宜集中布置，并应满足维修更换的要求。

（2）预制构件中预埋管线、预埋件、预留沟（槽、孔、洞）的位置应准确，不应在围护结构安装后凿剔。

（3）敷设在叠合楼板现浇层混凝土内的管线宜进行综合排布设计，管线的最大外径不宜超过叠合楼板现浇层混凝土厚度的 1/3，同一部位的管线交叉不应超过 2 次，且交叉部位不应与格构钢筋重叠；多根管道并排时，管与管之间应有间隙，并有防混凝土开裂措施。

（4）楼地面内的管道与墙体内的管道有连接时，应与预制构件安装协调一致，保证位置准确。

（5）在预制构件内补管槽、箱盒孔洞时，砂浆或混凝土应符合设计和现行相关标准要求，并有防开裂措施。

（6）防雷引下线、防侧击雷、等电位联结施工应与预制构件安装做好施工配合。

（7）大型灯具、设备、管道、桥架、母线等较重荷载固定在预制构件上，应经设计复核，并采取预留预埋件固定。

（8）预制构件制作、安装时应考虑太阳能安装要求；穿过外墙的孔洞、管道、排烟口、排气道等孔洞位置应准确，并有防水措施要求。

（9）室内竖向电气管线统一设置在预制板内或装饰墙面内。墙板内竖向电气管线布置应保持安全距离。

（10）在预制构件上安装管卡等受力件应符合设计要求，可采用膨胀螺栓、自攻螺丝、钉接、黏结等固定法。

（11）设备管线穿过楼板的部位，应采取防水、防火、隔声等措施。

154. 室内装修验收应注意哪些问题?

（1）装配式混凝土结构的室内装修质量验收，应符合现行国家标准《建筑装饰装修工程质量验收规范》（GB 50204—2001）、《住宅室内装饰装修工程质量验收规范》（JGJ/T

304—2013）的有关规定。

（2）建筑室内装饰装修工程所用材料进场时应进行验收，并应符合下列规定。

1）材料的品种、规格、包装、外观和尺寸等应验收合格，并应具备相应验收记录。

2）材料应具备质量证明文件，并应纳入工程技术档案。

3）同一厂家生产的同一类型的材料，应至少抽取一组样品进行复验。

4）检测的样品应进行见证取样；承担材料检测的机构应具备相应的资质。

（3）住宅室内装饰装修工程质量验收应进行分户验收并应符合现行行业标准《住宅室内装饰装修工程质量验收规范》（JGJ/T 304—2013）的有关规定。

（4）主体结构基层工程施工完成后，在装饰装修施工前应进行基层工程交接检验，并应在检验合格后再进行下道工序施工。

（5）住宅室内装饰装修工程质量分户工程验收应检查下列文件和记录。

1）施工图、设计说明。

2）材料的产品合格证书、性能检测报告、进场验收记录和抽样复验报告。

3）隐蔽工程质量验收记录。

4）施工记录。

（6）住宅室内装饰装修工程质量验收应按下列程序进行。

1）确定分户验收的划分范围，制订验收方案，确定参加人员。

2）按户检查各分项工程质量，填写住宅室内装饰装修分户工程质量验收记录表。

3）根据每户分项工程质量验收记录，填写住宅室内装饰装修分户工程质量验收汇总表和住宅室内装饰装修工程质量验收汇总表。

第四章 装配式混凝土结构施工管理

第一节 装配式混凝土结构施工质量验收管理

155. 预制构件在进场时应进行哪些验收工作?

根据《装配式混凝土结构技术规范》(JGJ 1—2014)的规定，预制构件的进场质量应符合现行国家标准《混凝土结构工程施工质量验收规范》(GB 50204—2015)的有关规定。

混凝土预制构件的进场验收包括检查质量证明文件、外观质量、预留预埋、尺寸偏差、构件机构性能等。当设计或合同提出其他专门要求时，尚应按要求进行其他项目的验收。

质量证明文件包括产品合格证明书、混凝土强度检验报告及其他重要检验报告等。预制构件的钢筋、混凝土原材料、预应力材料、预埋件等均应参照国家现行相关标准的规定进行检查，其检验报告在预制构件进场时可不提供，但应在构件生产企业存档保留，以便需要时查阅。

预制构件包括在混凝土预制构件专业企业生产和施工现场制作的构件。对于混凝土预制构件企业生产的预制构件，可作为产品直接进场验收，专业企业生产过程中的质量控制及出厂检验要求应符合国家现行相关标准(包括产品标准)和企业标准的规定。

预制构件安装前必须确认是验收合格的构件，没有经过进场验收的构件或验收不合格的构件严禁在工程中应用。

156. 装配式混凝土结构子分部工程验收时应该提交哪些资料和记录？

装配式混凝土结构子分部工程验收时，应该提交下列资料和记录。

（1）工程设计文件、预制构件制作和安装的深化设计图、设计变更文件。

（2）装配式混凝土结构工程专项施工方案。

（3）预制构件出厂合格证、相关性能检验报告及进场验收记录。

（4）主要材料及配件质量证明文件、进场验收记录、抽样复检报告。

（5）预制构件安装记录验收报告。

（6）钢筋套筒灌浆或钢筋浆锚搭接连接的施工检验报告。

（7）隐蔽工程检查验收文件。

（8）后浇混凝土、灌浆料、坐浆材料强度等检验报告。

（9）外墙淋水试验、喷水试验记录；卫生间等有防水要求的房间蓄水试验记录。

（10）分项工程质量验收记录。

（11）装配式混凝土结构实体检验报告。

（12）工程的重大质量问题的处理方案和验收记录。

（13）其他文件和记录。

157. 装配式混凝土结构子分部工程应在安装施工过程中进行哪些隐蔽项目的验收？

装配式混凝土结构子分部工程应在安装施工过程中进行下列隐蔽项目的现场验收。

（1）结构预埋件、钢筋接头、螺栓连接、套筒灌浆接头、钢筋浆锚搭接接头等。

(2) 预制构件与结构连接处钢筋及混凝土的结合面。

(3) 预制构件之间及预制构件与后浇混凝土之间隐蔽的节点、接缝。

(4) 预制混凝土构件接缝处防水、防火等构造做法。

(5) 保温及其节点施工。

(6) 其他隐蔽项目。

158. 混凝土养护应符合什么规定?

混凝土浇筑完毕后应按施工技术方案及时采取有效的养护措施，并应符合下列规定。

(1) 应在浇筑完毕后的 12h 以内，对混凝土加以覆盖，并保湿养护。

(2) 混凝土浇水养护的时间：对采用硅酸盐水泥、普通硅酸盐水泥或矿渣硅酸盐水泥拌制的混凝土，不得少于 7d；对掺用缓凝型外加剂或有抗渗要求的混凝土，不得少于 14d。

(3) 浇水次数应能保持混凝土处于湿润状态，混凝土养护用水应与拌制用水相同，当日平均气温低于 5℃时不得浇水。

(4) 采用塑料布覆盖养护的混凝土，其敞露的全部表面应覆盖严密，并应保持塑料布内有凝结水。

159. 预制构件采用套筒灌浆连接或浆锚搭接连接时接头应符合什么规定?

预制构件采用套筒灌浆连接或浆锚搭接连接时，连接接头应有有效的型式检验报告，灌浆料强度、性能应符合现行国家标准、设计和灌浆工艺要求，灌浆应密实、饱满。

检查数量：同种直径每班灌浆接头施工时，制作一组每层不少于三组 40mm×40mm×160mm 的长方体试件，标准养护 28d 后进行抗压强度试验。

160. 套筒灌浆连接应符合什么规定?

套筒灌浆连接应符合设计要求和《钢筋机械连接技术规程》（GB 107—2016）中Ⅰ级接头的性能要求及国家现行有关标准的规定。

检查数量：同种直径套筒灌浆连接接头，每完成1000个接头时制作一组同条件接头试件做力学性能检验，每组试件3个接头。

检查方法：检查接头力学性能试验报告。

161. 预制墙板底部接缝灌浆、坐浆强度应符合什么规定?

预制墙板底部接缝灌浆、坐浆强度应满足设计要求。

检查数量：每工作班制作一组且每层不应少于三组边长为70.7mm的立方体试块，标准养护28d进行抗压强度试验。

检查方法：检查试块强度试验报告。

162. 装配式混凝土结构在施工时接缝应符合什么规定?

预制构件之间、预制构件与主体结构之间、预制构件与现浇结构之间节点接缝密封良好，灌浆或混凝土浇筑时不得漏浆；节点处模板应在混凝土浇筑时不应产生明显变形和漏浆。

检查数量：全数检查。

检查方法：观察检查。

163. 预制构件拼缝应符合什么规定?

预制构件拼缝密封、防水节点基层应符合设计要求，密封胶打注应饱满、密实、连续、均匀、无气泡，宽度和深度符合要求，密封胶缝应横平竖直、深浅一致、宽窄均匀、光滑顺直。

检查数量：全数检查。

检查方法：观察检查。

164. 预埋件和预留孔洞的允许偏差有什么规定?

固定在模板上的预埋件、预留件和预留洞均不得遗漏，且应安装牢固，其偏差应符合表4-1的规定。预制构件宜预留与模板连接用的孔洞、螺栓，预留位置和模板模数相协调并便于模板安装。

表4-1　预埋件和预留孔洞的允许偏差

项　目		允许偏差/mm
预埋钢板中心线位置		3
预埋管、预留孔中心线位置		3
插筋	中心线位置	5
	外露长度	±10，0
预埋螺栓	中心线位置	2
	外露长度	±10，0
预留洞	中心线位置	10
	外露长度	±10，0

检查数量：在同一检验批中，对梁、柱，应抽查构件数量的10%，且不少于3件；对墙和板，应按有代表性的自然间抽查10%，且不少于3间；对大空间结构墙可按相邻轴线间高度5m左右划分检查面，板可按纵、横轴线划分检查面，抽查10%，且均不少于3面。

165. 模板安装的允许偏差及检验方法应满足什么规定?

模板与支撑应保证工程结构和构件的定位、各部分形状、尺寸和位置准确。模板安装的偏差应符合表4-2的规定。

表 4-2　　模板安装的允许偏差及检验方法

项目		允许偏差/mm	检验方法
轴线位置		5	钢尺检查
底模上表面标高		±5	水准仪或拉线、钢尺检查
截面内部尺寸	基础	±10	钢尺检查
	柱、墙、梁	+4，−5	钢尺检查
层高垂直度	不大于5m	6	经纬仪或吊线、钢尺检查
	大于5m	8	经纬仪或吊线、钢尺检查
相邻两板表面高低差		2	钢尺检查
表面平整度		5	2m靠尺和塞尺检查

注　检查轴线位置时，应沿纵、横两个方向量测，并取其中的较大值。

检查数量：在同一检验批内，对梁、柱和独立基础，应好抽查构件数量的10%，且不少于3件；对墙和板，应按有代表性的自然间抽查10%，且不少于3间；对大空间结构，墙可按相邻轴线间高度5m左右划分检查面，板可按纵、横轴线划分检查面，抽查10%，且均不少于3面。

166. 与预制构件连接的定位插筋、连接钢筋及预埋件等安装位置偏差有哪些规定？

与预制构件连接的定位插筋、连接钢筋及预埋件等安装位置偏差应符合表4-3的规定。

表 4-3　　钢筋安装位置的允许偏差和检验方法

项目		允许偏差/mm	检验方法
定位插筋	中心线位置	2	定型工具检查
	长度	3，0	钢尺检查
安装预埋件	中心线位置	5	钢尺检查
	长度	3，0	钢尺检查
连接钢筋	位置	±10	钢尺检查
	长度	+8，0	钢尺检查

检查数量：全数检查。

167. 后浇混凝土中钢筋安装位置的偏差应符合什么规定?

装配式混凝土结构的后浇混凝土中钢筋安装位置的偏差应符合表 4-4 的规定。

表 4-4　钢筋安装位置的允许偏差和检验方法

项　目			允许偏差/mm	检验方法
绑扎钢筋网	长、宽		±10	钢尺检查
	网眼尺寸		±20	钢尺量连续三挡，取最大值
绑扎钢筋骨架	长		±10	钢尺检查
	宽、高		±5	钢尺检查
受力钢筋	间距		±10	钢尺量两端中间，各一点取最大值
	排距		±5	
	保护层厚度	基础	±10	钢尺测量
		柱、梁	±5	钢尺测量
		板、墙、壳	±3	钢尺测量
绑扎钢筋、横向钢筋间距			±20	钢尺量连续三挡，取最大值
钢筋弯起点位置			20	钢尺检查
预埋件	中心线位置		5	钢尺检查
	水平高差		+3，0	钢尺和塞尺检查

注　1. 检查预埋件中心线位置时，应纵、横两个方向量测，并取其中的较大值。

2. 表中梁类、板类构件上部纵向受力钢筋保护层厚度的合格点率应达到90%及以上，且不得超过表中数值 1.5 倍的尺寸偏差。

检查数量：在同一检验批中，对梁、柱，应按有代表性的自然间抽查 10%，且不少于 3 建；对墙和板，应按有代表性的自然间抽查 10%，且不少于 3 间；对大空间结构，墙可按相邻线间高度 5m 左右划分检查面，板可按纵、横轴线划分检查面，抽查10%，且均不少于3面。

168. 预制墙板安装的允许偏差应符合什么规定？

预制墙板安装的允许偏差应符合表4-5的规定。

表4-5　　预制墙板安装的允许偏差

项　目	允许偏差/mm	检验方法
单块墙板轴线位置	5	基准线和钢尺检查
单块墙板顶标高偏差	±3	水准仪或拉线、钢尺检查
单块墙板垂直度偏差	3	2m靠尺
相邻墙板高低差	2	钢尺检查
相邻墙板拼缝宽度偏差	±3	钢尺检查
相邻墙板平整度偏差	4	2m靠尺和塞尺检查
建筑物全高垂直度	$H/1000$ 且≤30	经纬仪、钢尺检查

检查数量：每流水段预制墙板抽样不少于10个点，且不少于10个构件。

检查方法：用钢尺和拉线、水准仪、经纬仪等辅助量具实测。

169. 预制梁、柱安装的允许偏差应符合什么规定？

预制梁、柱安装的允许偏差应符合表4-6的规定。

表4-6　　预制梁、柱安装的允许偏差

项　目	允许偏差/mm	检验方法
梁、柱轴线位置	5	基准线和钢尺检查
梁、柱标高偏差	3	水准仪或拉线、钢尺检查
梁搁置长度	±10	钢尺检查
柱垂直度	3	2m靠尺或吊线检查
柱全高垂直度	$H/1000$，且≤30	经纬仪检测

检查数量：每流水段预制梁、柱构件抽样不少于10个点，且不少于10个构件。

检查方法：用钢尺和拉线、水准仪、经纬仪等辅助量具实测。

170. 预制楼板安装的允许偏差应符合什么规定?

预制楼板安装的允许偏差应符合表4-7的规定。

表4-7 预制楼板安装允许偏差

项 目	允许偏差/mm	检验方法
轴线位置	5	基准线和钢尺检查
标高偏差	±3	水准仪或拉线、钢尺检查
相邻构件平整度	4	2m靠尺或吊线检查
相邻拼接缝宽度偏差	±3	钢尺检查
搁置长度	±10	钢尺检查

检查数量：每流水段预制板抽样不少于10个点，且不少于10个构件。

检查方法：用钢尺和拉线、水准仪等辅助量具实测。

171. 阳台板、空调板、楼梯安装的允许偏差有什么规定?

阳台板、空调板、楼梯安装的允许偏差应符合表4-8的规定。

表4-8 阳台板、空调板、楼梯安装的允许偏差

项 目	允许偏差/mm	检验方法
轴线位置	5	基准线和钢尺检查
标高偏差	±3	水准仪或拉线、钢尺检查
相邻构件平整度	4	2m靠尺或吊线检查
楼梯搁置长度	±10	钢尺检查

检查数量：每流水段、每类构件板抽样不少于3个，少于3个时全数检查。

检查方法：用钢尺和拉线、水准仪等辅助量具实测。

172. 室内饰面隔墙板安装的允许偏差及检验方法有什么规定?

室内饰面隔墙板安装的允许偏差及检验方法见表4-9。

表4-9　室内饰面隔墙板安装的允许偏差及检验方法

类别	序号	项目	质量要求及允许偏差/mm		检验方法	检验数量
主控项目	1	墙板间距及构造连接、填充材料设置	隔墙板间距及构造连接方法应符合设计要求。墙板内设备管线的安装、门窗洞口等部位应安装牢固、位置正确，填充材料的设置应符合设计要求		检查隐蔽工程验收记录	全数检查
主控项目	2	整体感观	隔墙饰面应平整光滑、色泽一致，纹理相应，洁净、无裂缝，接缝应均匀、顺直		观察；手摸	全数检查
主控项目	3	墙面板安装	墙面板安装应牢固，无脱层、翘曲、折裂及缺损		观察；手摸	全数检查
一般项目	4	立面垂直度	3	4	用2m垂直检查尺检查	每面进行测量且不少于1点
一般项目	5	表面平整度	3	3	用2m靠尺和塞尺检查	横竖方向进行测量且不少于1点
一般项目	6	阴阳角方正	3	3	用直角检查尺检查	横竖方向进行测量且不少于1点
一般项目	7	接缝高低差	1	1	用钢直尺和塞尺检查	横竖方向进行测量且不少于1点
一般项目	8	接缝直线度	—	3	拉5m线，不足5m拉通线用钢直尺检查	横竖方向进行测量且不少于1点
一般项目	9	压条直线度	—	3	拉5m线，不足5m拉通线用钢直尺检查	横竖方向进行测量且不少于1点

173. 装配式结构尺寸允许偏差及检验方法应符合什么规定？

装配式结构尺寸允许偏差应符合设计要求，并应符合表4-10的规定。

表 4-10　　装配式结构尺寸允许偏差及检验方法

项　目			允许偏差/mm	检验方法
构件中心线对轴线位置	基础		15	尺量检查
	竖向构件（柱、墙板）		10	
	水平构件（梁、板）		5	
构件标高	梁、柱、墙、板底面或顶面		±5	水准仪或尺量检查
	柱、墙	＜5m	5	经纬仪或全站仪测量
		≥5m 且＜10m	10	
		≥10m	20	
构件倾斜度	梁、桁架		5	垂线、钢尺量测
相邻构件平整度	板端面		5	钢尺、塞尺量测
	梁、板底面	抹灰	5	
		不抹灰	3	
	柱墙侧面	外露	5	
		不外露	10	
构件搁置长度	梁、板		±10	尺量检查
板、梁、柱、墙、桁架			10	尺量检查
墙板接缝	宽度		±5	尺量检查
	中心线位置			

检查数量：按楼层、结构缝或施工段划分检验批。在同一检验批内，对梁、柱，应抽查构件数量的10%，且不应少于3件；对墙和板，应按有代表性的自然间抽查10%，且不应少于3间；对大空间结构，墙可按相邻轴线间高度5m左右划分检查面，抽查10%，且均不应少于3面。

174. 预制构件节点与接缝处混凝土、砂浆、灌浆料在验收时应满足什么要求?

预制构件节点与接缝处混凝土、砂浆、灌浆料应符合国家现行标准和设计要求。

检查数量：全数检查。

检查方法：检查试验报告。

175. 预制构件拼缝处的密封、防水材料在验收时应满足什么要求?

预制构件拼缝处的密封、防水材料应符合国家现行标准和设计要求。

检查数量：全数检查。

检查方法：检查合格证、试验报告。

176. 对灌浆套筒或浆锚孔洞及预制件与楼面板之间的水平缝进行灌浆验收时应满足什么要求?

对灌浆套筒或浆锚孔洞及预制件与楼面板之间的水平缝进行灌浆时，应保证所有出浆孔有浆体连续流出。

检查数量：全数检查。

检查方法：观察检查。

177. 装配式混凝土结构的节点焊接连接验收时应满足什么要求?

装配式混凝土结构中，预制构件采用焊接连接时，钢材焊接的焊缝尺寸应满足设计要求，焊缝质量应符合现行国家标准《钢结构焊接规范》（GB 50661—2011）和《钢结构工程施工质量验收规范》（GB 50205—2001）的有关规定。

检查数量：全数检查。

检查方法：按照现行国家标准《钢结构工程施工质量验收规范》(GB 50205—2001) 的要求进行。

第二节　装配式混凝土结构安全管理

178. 装配式混凝土结构施工中应建立怎样的安全生产责任制?

安全生产责任制作为安全管理的核心，在装配式混凝土结构的安全操作规程、安全知识培训和再教育中更显重要。具体而言，应从以下几个方面入手。

(1) 制订各工种安全操作规程。工种安全操作规程可消除和控制劳动过程中的不安全行为，预防伤亡事故，确保作业人员的安全和健康。安全操作规程的内容应根据国家和行业安全生产法律、法规、标准、规范，结合施工现场的实际情况来制订，同时根据现场使用的新工艺、新设备、新技术，制订出相应的安全操作规程，并监督其实施。

(2) 制订施工现场安全管理规定。施工现场安全管理规定是施工现场安全管理制度的基础，目的是实现施工现场安全防护设施的标准化、定型化。施工现场安全管理的内容包括：施工现场一般安全规定、构件堆放场地安全管理、脚手架工程安全管理、支撑架及防护架安全使用管理、电梯井操作平台安全管理、马道搭设安全管理、水平安全网支搭拆除安全管理、孔洞临边防护安全管理、拆除工程安全管理、防护棚支搭安全管理等。

(3) 制订机械设备安全管理制度。机械设备作为当前建筑施工普遍使用的垂直运输和加工机具，因其本身存在一定的危险性，若是管理不当，可能造成机毁人亡。塔式起重机和汽车式起重机是装配式混凝土结构施工中安全使用管理的重点。机械设备安全管理制度应规定：大型设备应到上级有关部门备案，遵守国家和行业有关规定，还应设专人定期进行安全检查、保养，保证机械设备处于良好的状态。

(4) 制订施工现场临时用电安全管理制度。施工现场临时用电作为目前建筑施工现场使用广泛，危险性比较大的项目，其牵扯到每个劳动者的安全，也是施工现场一项重点的安全管理项目。施工现场临时用电管理制度的内容应包括外电的防护、地下电缆的保护、设备的接地与接零保护、配电箱的设置及安全管理规定（总箱、分箱、开关箱）、现场照明、配电线路、电器装置、变配电装置、用电档案的管理等。

179. 起重机械与垂直运输设施在施工中应如何做好安全管理?

起重机械是建筑工程施工中不可缺少的设备，在装配式混凝土结构工程施工中主要采用自行式起重机和塔式起重机，用于构件及材料的装卸和安装。垂直运输设施主要包括塔式起重机、物料提升机和施工升降机，其中施工升降机既可承担物料的垂直运输，也可承担施工人员的垂直运输。自行式起重机和塔式起重机选用应根据拟施工的建筑物平面形状、高度、构件数量、最大构件质量、长度确定，确保安全使用起重机械。科学安排与合理使用起重机械及垂直运输设施可大大减轻施工人员体力劳动强度，确保施工质量与安全生产，加快施工进度，提高劳动生产率。起重机械与垂直运输设施均属特种设备，其安拆与相关施工操作人员均属特种作业人员，其安全运行对保障建筑施工安全生产具有重要意义。

(1) 技术档案管理。

1) 起重机械随机出厂文件（包括设计文件、产品质量合格证明、监督检验证明、安装技术文件和资料、使用和维护保养说明书、装箱单、电气原理接线图、起重机械功能表、主要部件安装示意图、易损坏目录）。

2) 安全保护装置的形式试验合格证明。

3）特种设备检验机构起重机械验收报告、定期检验报告和定期自行检查记录。

4）日常使用状况记录。

5）日常维护保养记录。

6）运行故障及事故记录。

7）使用登记证明。

（2）使用登记和定期报检。

1）起重机械安全检验合格标志有效期满前一个月向特种设备安全检验机构申请定期检验。

2）起重机械停用一年重新启用，或发生重大的设备事故和人员伤亡事故，或经受了可能影响其安全技术性能的自然灾害（火灾、水淹、地震、雷击、大风等）后也应该向特种设备安全监督检验机构申请检验。

3）申请起重机械安全技术检验应采用书面形式，一份报送执行检验的部门，另一份由起重机械安全管理人员负责保管，作为起重机械管理档案保存。

4）凡有下列情况之一的起重机械，必须经检验检测机构按照相应的安全技术规范的要求实施监督检验，合格后方可使用：①首次启用或停用一年后重新启用的；②经大修、改造后的；③发生事故后可能影响设备安全技术性能的；④自然灾害后可能影响设备安全技术性能的；⑤转场安装和移位安装的；⑥国家其他法律法规要求的。

（3）日常检查管理制度。设备管理部门应严格执行设备的日检、月检和年检，即每个工作日对设备进行一次常规的巡检，每月对易损零部件及主要安全保护装置进行一次检查，每年至少进行一次全面检查，保证设备始终处于良好的运行状态。常规检查应由起重机械操作人员或管理人员进行，其中月检和年检也可以委托专业单位进行；检查中发现异常情况时，必须及时进行处理，严禁设备带故障运行，所有检查和处理情况应及时进行记录。

1）起重机年检的主要内容：①月度检查的所有内容；②金属结构的变形、裂纹、腐蚀及焊缝、铆钉、螺栓等连接情况；③主要零部件的磨损、裂纹、变形等情况；④重要指示、超载报警装置的可靠性和精度；⑤动力系统和控制器。

2）起重机日常维护保养管理制度：①日常维护保养工作是保证起重机械安全、可靠运行的前提，在起重机械的日常使用过程中，应严格按照随机文件的规定定期对设备进行维护保养；②维护保养工作可由起重机械司机、管理人员和维修人员进行，也可以委托具有相应资质的专业单位进行。

3）起重机维护保养注意事项：①将起重机移至不影响其他起重机工作的位置，因条件限制不能做到的应挂安全警告牌、设置监护人并采取措施防止撞车和触电；②将所有控制器手柄放于零位；③起重机的下方地段应用红白带围起来，禁止人员通行；④切断电源，拉下闸刀，取下熔断器，并在醒目处挂上"有人检修，禁止合闸"警告牌，或派人监护；⑤在检修主滑线时，必须将配电室的刀开关断开，并填好工作票，挂好工作牌，同时将滑线短路和接地；⑥检修换下来的零部件必须逐件清点，妥善处理，不得乱放和遗留在起重机上；⑦在禁火区动用明火需办动火手续，配备相应的灭火器材；⑧登高使用的扶梯应有防滑措施，且有专人监护；⑨手提行灯应在36V以下，且有防护罩；⑩露天检修时，6级以上大风，禁止高空作业；⑪检修后先进行检查再进行润滑，然后试车验收，确定合格方可投入使用。

180. 塔式起重机在施工过程中应如何做好安全管理?

（1）行走式塔式起重机的轨道基础应符合下列要求。

1）路基承载力应满足塔式起重机使用说明书的要求。

2）每间隔6m应设轨距拉杆一个，轨距允许偏差应为公称值的1/1000，且不得超过±3mm。

3）在纵横方向上，钢轨顶面的倾斜角度不得大于1/1000。

塔机安装后，轨道顶面纵、横方向上的倾斜度，对上回转塔机不应大于3/1000。对于下回转塔机不应大于5/1000。在轨道全程中，轨道顶面任意两点的高差应小于100mm。

4）钢轨接头间隙不得大于4mm，与另一端轨道接头的错开距离不得小于1.5m，接头处应架在轨枕上，接头两端高度差不得大于2mm。

5）距轨道终端1m处应设置缓冲止挡器，其高度不应小于行走轮的半径。在轨道上应安装限位开关碰块，安装位置应保证塔机在与缓冲止挡器或与同一轨道上其他塔机相距大于1m处能完全停住，此时电缆线应有足够的富余长度。

6）鱼尾板连接螺栓应紧固，垫板应固定牢靠。

（2）塔式起重机的混凝土基础应符合使用说明书和现行行业标准《塔式起重机混凝土基础工程技术规程》（JGJ/T 187—2009）的规定。

（3）塔式起重机的基础应排水通畅，并应按专项方案与基坑保持安全距离。

（4）塔式起重机应在其基础验收合格后进行安装。

（5）塔式起重机的金属结构、轨道应有可靠的接地装置，接地电阻不得大于4Ω。高位塔式起重机应设置防雷装置。

（6）装拆作业前应进行检查，并应符合下列规定。

1）混凝土基础、路基和轨道铺设应符合技术要求。

2）应对所装拆塔式起重机的各机构、结构焊缝、重要部位螺栓、销轴、卷扬机构和钢丝绳、吊钩、吊具、电气设备、线路等进行检查，消除隐患。

3）应对自升塔式起重机顶升液压系统的液压缸和油管、顶升套架结构、导向轮、顶升支撑（爬爪）等进行检查，使其处于完好工况。

4）装拆人员应使用合格的工具、安全带、安全帽。

5）装拆作业中配备的起重机械等辅助机械应状况良好，技术性能应满足装拆作业的安全要求。

6）装拆现场的电源电压、运输道路、作业场地等应具备装拆作业条件。

7）安全监督岗的设置及安全技术措施的贯彻落实应符合要求。

(7) 指挥人员应熟悉装拆作业方案，遵守装拆工艺和操作规程，使用明确的指挥信号。参与装拆作业的人员，应听从指挥，如发现指挥信号不清或有错误时，应停止作业。

(8) 装拆人员应熟悉装拆工艺，遵守操作规程，当发现异常情况或疑难问题时，应及时向技术负责人汇报，不得自行处理。

(9) 装拆顺序、技术要求、安全注意事项应按批准的专项施工方案执行。

(10) 塔式起重机高强度螺栓应由专业厂家制造，并应有合格证明。高强度螺栓严禁焊接。安装高强螺栓时，应采用扭矩扳手或专用扳手，并应按装配技术要求预紧。

(11) 在装拆作业过程中，当遇天气剧变、突然停电、机械故障等意外情况时，应将已装拆的部件固定牢靠，并经检查确认无隐患后停止作业。

(12) 塔式起重机各部位的栏杆、平台、扶杆、护圈等安全防护装置应配置齐全。行走式塔式起重机的大车行走缓冲止挡器和限位开关碰块应安装牢固。

(13) 因损坏或其他原因而不能用正常方法拆卸塔式起重机时，应按照技术部门重新批准的拆卸方案执行。

(14) 塔式起重机安装过程中，应分阶段检查验收。各机构动作应正确、平稳，制动可靠，各安全装置应灵敏有效。在无载荷情况下，塔身的垂直度允许偏差应为4/1000。

(15) 塔式起重机升降作业时，应符合下列规定。

1）升降作业应有专人指挥，专人操作液压系统，专人拆装螺栓。非作业人员不得登上顶升套架的操作平台。操作室内应只准一人操作。

2）升降作业应在白天进行。

3）顶升前应预先放松电缆，电缆长度应大于顶升总高度，并应紧固好电缆。下降时应适时收紧电缆。

4）升降作业前，应对液压系统进行检查和试机，应在空载状态下将液压缸活塞杆伸缩3～4次，检查无误后，再将液压缸活塞杆通过顶升梁借助顶升套架的支撑，顶起载荷100～150mm，停10min，观察液压缸载荷是否有下滑现象。

5）升降作业时，应调整好顶升套架滚轮与塔身标准节的间隙，并应按规定要求使起重臂和平衡臂处于平衡状态，将回转机构制动。当回转台与塔身标准节之间的最后一处连接螺栓（销轴）拆卸困难时，应将最后一处连接螺栓（销轴）对角方向的螺栓重新插入，再采取其他方法进行拆卸。不得用旋转起重臂的方法松动螺栓（销轴）。

6）升撑脚（爬爪）就位后，应及时插上安全销，才能继续升降作业。

7）升降作业完毕后，应按规定扭力紧固各连接螺栓，应将液压操纵杆扳到中间位置，并应切断液压升降机构电源。

（16）塔式起重机的附着装置应符合下列规定。

1）附着建筑物的锚固点的承载能力应满足塔式起重机技术要求。附着装置的布置方式应按使用说明书的规定执行。当有变动时，应另行设计。

2）附着杆件与附着支座（锚固点）应采取销轴铰接。

3）安装附着框架和附着杆件时，应用经纬仪测量塔身垂直度，并应利用附着杆件进行调整，在最高锚固点以下垂直度允许偏差为2/1000。

4）安装附着框架和附着支座时，各道附着装置所在平面与水平面的夹角不得超过10°。

5）附着框架宜设置在塔身标准节连接处，并应箍紧塔身。

6）塔身顶升到规定附着间距时，应及时增设附着装置。

塔身高出附着装置的自由端高度，应符合使用说明书的规定。

7）塔式起重机作业过程中，应经常检查附着装置，发现松动或异常情况时，应立即停止作业，故障未排除，不得继续作业。

8）拆卸塔式起重机时，应随着降落塔身的进程拆卸相应的附着装置。严禁在落塔之前先拆附着装置。

9）附着装置的安装、拆卸、检查和调整应有专人负责。

10）行走式塔式起重机作固定式塔式起重机使用时，应提高轨道基础的承载能力，切断行走机构的电源，并应设置阻挡行走轮移动的支座。

（17）塔式起重机内爬升时应符合下列规定。

1）内爬升作业时，信号联络应通畅。

2）内爬升过程中，严禁进行塔式起重机的起升、回转、变幅等各项动作。

3）塔式起重机爬升到指定楼层后，应立即拔出塔身底座的支承梁或支腿，通过内爬升框架及时固定在结构上，并应顶紧导向装置或用楔块塞紧。

4）内爬升塔式起重机的塔身固定间距应符合使用说明书要求。

5）应对设置内爬升框架的建筑结构进行承载力复核，并应根据计算结果采取相应的加固措施。

（18）雨天后，对行走式塔式起重机，应检查轨距偏差、钢轨顶面的倾斜度、钢轧的平直度、轨道基础的沉降及轨道的通过性能等；对同定式塔式起重机，应检查混凝土基础不均匀沉降。

（19）根据要求，应定期对塔式起重机各工作机构、所有安全装置、制动器的性能及磨损情况、钢丝绳的磨损及绳端固定、液压系统、润滑系统、螺栓销轴连接处等进行检查。

（20）配电箱应设置在距塔式起重机 3m 范围内或轨道中部，且明显可见；电箱中应设置带熔断式断路器及塔式起重机电源总开关；电缆卷筒应灵活有效，不得拖缆。

（21）塔式起重机在无线电台、电视台或其他电磁波发射天线附近施工时，与吊钩接触的作业人员，应戴绝缘手套和穿绝缘鞋，并应在吊钩上挂接临时放电装置。

（22）当同一施工地点有两台以上塔式起重机并可能互相干涉时，应制订群塔作业方案；两台塔式起重机之间的最小架设距离应保证处于低位塔式起重机的起重臂端部与另一台塔式起重机的塔身之间至少有 2m 的距离；处于高位塔式起重机的最低位置的部件（吊钩升至最高点或平衡重的最低部位）与低位塔式起重机中处于最高位置部件之间的垂直距离不应小于 2m。

（23）轨道式塔式起重机作业前，应检查轨道基础平直无沉陷，鱼尾板、连接螺栓及道钉不得松动，并应清除轨道上的障碍物，将夹轨器固定。

（24）塔式起重机启动应符合下列要求。

1）金属结构和工作机构的外观情况应正常。

2）安全保护装置和指示仪表应齐全完好。

3）齿轮箱、液压油箱的油位应符合规定。

4）各部位连接螺栓不得松动。

5）钢丝绳磨损应在规定范围内，滑轮穿绕应正确。

6）供电电缆不得破损。

（25）送电前，各控制器手柄应在零位。接通电源后，应检查并确认不得有漏电现象。

（26）作业前，应进行空载运转，试验各工作机构并确认运转正常，不得有噪声及异响，各机构的制动器及安全保护装置应灵敏有效，确认正常后方可作业。

（27）起吊重物时，重物和吊具的总重量不得超过塔式起重机相应幅度下规定的起重量。

（28）应根据起吊重物和现场情况，选择适当的工作速度，操纵各控制器时应从停止点（零点）开始，依次逐级增加速度，不得越挡操作。在变换运转方向时，应将控制器手柄扳到零位，待电动机停止运转后再转向另一方向，不得直接变换运转方向突然变速或制动。

（29）在提升吊钩、起重小车或行走大车运行到限位装置前，应减速缓行到停止位置，并应与限位装置保持一定距离。不得采用限位装置作为停止运行的控制开关。

（30）动臂式塔式起重机的变幅动作应单独进行；允许带载变幅的动臂式塔式起重机，当载荷达到额定起重量的90%及以上时，不得增加幅度。

（31）重物就位时，应采用慢就位工作机构。

（32）重物水平移动时，重物底部应高出障碍物0.5m以上。

（33）回转部分不设集电器的塔式起重机，应安装回转限位器，在作业时，不得顺一个方向连续回转1.5圈。

（34）当停电或电压下降时，应立即将控制器扳到零位，并切断电源。如吊钩上挂有重物，应重复放松制动器，使重物缓慢地下降到安全位置。

（35）采用涡流制动调速系统的塔式起重机，不得长时间使用低速挡或慢就位速度作业。

（36）遇大风停止作业时，应锁紧夹轨器，将回转机构的制动器完全松开，起重臂应能随风转动。对轻型俯仰变幅塔式起重机，应将超重臂落下并与塔身结构锁紧在一起。

（37）作业中，操作人员临时离开操作室时，应切断电源。

（38）塔式起重机载人专用电梯不得超员，专用电梯断绳保护装置应灵敏有效。塔式起重机作业时，不得开动电梯。电梯停用时，应降至塔身底部位置，不得长时间悬在空中。

（39）在非工作状态时，应松开回转制动器，回转部分应能自由旋转；行走式塔式起重机应停放在轨道中间位置，小车及平衡重应置于非工作状态，吊钩组顶部宜上升到距起重臂底面 2～3m 处。

（40）停机时，应将每个控制器拨回零位，依次断开各开关，关闭操作室门窗；下机后，应锁紧夹轨器，断开电源总开关，打开高空障碍灯。

（41）检修人员对高空部位的塔身、起重臂、平衡臂等检修时，应系好安全带。

（42）停用的塔式起重机的电动机、电气柜、变阻器箱及制动器等应遮盖严密。

（43）动臂式和未附着塔式起重机及附着以上塔式起重机桁架上不得悬挂标语牌。

181. 履带式起重机在施工过程中应如何做好安全管理？

（1）起重机应当在平坦坚实的地面上作业、行走和停放。在正常作业时，坡度不得大于 3°，并应与沟渠、基坑保持安全距离。

（2）起重机启动前重点检查项目应符合下列要求。

1）各安全防护装置及各指示仪表齐全完好。

2）钢丝绳及连接部位符合规定。

3）燃油、润滑油、液压油、冷却水等添加充足。

4）各连接件无松动。

（3）起重机启动前应将主离合器分离，各操纵杆放在空挡位置，并应按照起重机使用说明书的规定启动内燃机。

（4）内燃机启动后，应检查各仪表指示值，待运转正常后再接合主离合器，进行空载运转，顺序检查各工作机构及其制动器，确认正常后，方可作业。

（5）作业时，起重臂的最大仰角不得超过出厂规定。当无资料可查时，不得超过 78°。

（6）起重机变幅应缓慢平稳，严禁在起重臂未停稳前变换挡位；起重机载荷达到额定起重量的 90%及以上时，严禁下

降起重臂。

(7) 在起吊载荷达到额定起重量的90%及以上时，应慢速升降重物，严禁超过两种动作的复合操作和下降起重臂。

(8) 在重物升起过程中，操作人员应把脚放在制动踏板上，密切注意起升重物，防止吊钩冒顶。当起重机停止运转而重物仍悬在空中时，即使制动踏板被同定，仍应脚踩在制动踏板上。

(9) 采用双机抬吊作业时，应选用起重性能相似的起重机进行。抬吊时应统一指挥，动作应配合协调，荷载应分配合理，起吊重量不应超过两台起重机在该工况下起重量总和的75%，单机的起吊荷载不得超过允许荷载的80%。在吊装过程中，两台起重机的吊钩滑轮组应保持垂直状态。

(10) 当起重机需带载行走时，载荷不得超过允许起重量的70%，行走道路应坚实平整，重物应在起重机正前方向，重物离地面不得大于500mm，并应拴好拉绳，缓慢行驶。严禁长距离带载行驶。

(11) 起重机行走时，转弯不成过急；当转弯半径过小时，应分次转弯；当路面凹凸不平时，不得转弯。

(12) 起重机上下坡道应无载行走，上坡时应将起重臂仰角适当放小，下坡时应将起重臂仰角适当放大。严禁下坡空挡滑行。

(13) 起重机的变幅指示器、力矩限制器、起重量限制器以及各种行程限位开关等安全保护装置，应完好齐全、灵敏可靠，不得随意调整或拆除。严禁利用限制器和限位装置代替操纵机构。

(14) 起重机作业时，起重臂和重物下方严禁有人停留、工作或通过。重物吊运时，严禁从人上方通过。严禁用起重机载运人员。

(15) 严禁使用起重机进行斜拉、斜吊和起吊地下埋设或凝固在地面上的重物以及其他不明质量的物体。现场浇筑的混凝土构件或模板，必须全部松动后方可起吊。

（16）严禁起吊重物长时间悬挂在空中，作业中遇突发故障时，应采取措施将重物降落到安全地方，并关闭发动机或切断电源后进行检修。在突然停电时，应立即把所有控制器拨到零位，断开电源总开关，并采取措施使重物降到地面。

（17）操纵室远离地面的起重机，在正常指挥发生困难时，地面及作业层（高空）的指挥人员均应采用对讲机等有效的通信联络进行指挥。

（18）在露天有6级及以上大风或大雨、大雪、大雾等恶劣天气时，应停止起重吊装作业。雨雪过后作业前，应先试吊，确认制动器灵敏可靠后方可进行作业。

（19）作业后，起重臂应转至顺风方向，并降至40°～60°之间，吊钩应提升到接近顶端的位置，应关停内燃机，将各操纵杆放在空挡位置，各制动器加保险固定，操作室和机棚应关门加锁。

（20）起重机转移工地，应采用火车或平板拖车运送，所用调跳板的坡度不得小于15°；起重机械上车后，应将回转、行走、变幅等机构制动，应采用木楔楔紧履带两端，并应绑扎牢固；吊钩不得悬空摆动。

182. 汽车式和轮胎式起重机在施工过程中应如何做好安全管理？

（1）起重机工作的场地应保持平坦坚实，符合起重时的受力要求，起重机应与沟渠、基坑保持安全距离。

（2）起重机启动前重点检查项目应符合下列要求。

1）各安全保护装置和指示仪表齐全完好。

2）钢丝绳及连接部位符合规定。

3）燃油、润滑油、液压油及冷却水添加充足。

4）各连接件无松动。

5）轮胎气压符合规定。

6）起重臂应可搁置在支架上。

（3）起重机械启动前，应将各操纵杆放在空挡位置，手制动器应锁死，并应按规定启动内燃机。启动后，应在怠速运转3～5min后进行中高速运转，并应在检查各仪表指示值，确认运转正常后接合液压泵，液压达到规定值，油温超过30℃时，方可开始作业。

（4）作业前，应全部伸出支腿，并在撑脚板下垫方木，调整机体使回转支撑面的倾斜角在无荷载时不大于1/1000，水准泡居中。支腿有定位销的必须插上，底盘为弹性悬挂的起重机，放支腿前应先收紧稳定器。

（5）作业中严禁扳动支腿操纵阀。调整支腿必须在无荷载时进行，并将起重臂转至正前或正后方可再行调整。

（6）应根据所吊重物的质量和提升高度，调整起重臂长度和仰角，并应估计吊索和重物的高度，留出适当空间。

（7）起重臂伸缩时，应按规定程序进行，在伸臂的同时应相应下降吊钩。当限制器发出警报时，应立即停止伸臂。起重臂缩回时，仰角不宜太小。

（8）起重臂伸出后，出现前节臂杆的长度大于后节伸出长度时，必须进行调整，消除不正常情况后，方可作业。

（9）汽车式起重机变副时不得小于各长度所规定的仰角。

（10）汽车式起重机作业时，汽车驾驶室内不得有人，重物不得超越驾驶室上方，且不得在车的前方起吊。

（11）起吊重物达到额定起重量的50％及以上时，应使用低速挡。

（12）作业中发现起重机倾斜、支腿不稳等异常现象时，应立即使重物下落在安全的地方，下降中严禁制动。

（13）重物在空中需要停留较长时间时，应将起升卷筒制动锁住，操作人员不得离开操纵室。

（14）起吊重物达到额定起重量的90％以上时，严禁向下变幅，同时严禁进行两种及以上的操作动作。

(15) 起重机带载回转时，操作应平稳，避免急剧回转或停止，换向应在停稳后进行。

(16) 起重机带载行走时，道路必须平坦坚实，载荷必须符合出厂规定，重物离地面不得超过 500mm，并应拴好拉绳，缓慢行驶。

(17) 作业后，应将起重臂全部缩回放在支架上，再收回支腿。吊钩应用专用钢丝绳挂牢，应将车架尾部两撑杆放在尾部下方的支座内，并用螺母固定，应将阻止机身旋转的销式制动器插入销孔，并将取力器操纵手柄放在脱开位置，最后应锁住起重操纵室门。

(18) 行驶前，应检查并确认各支腿的收存牢固，轮胎气压应符合规定。行驶时水温应在 80～90℃范围内，水温未达到 80℃时，不得高速行驶。

(19) 行驶时，应保持中速，不得紧急制动，过铁道口或起伏路面时应减速，下坡时严禁空挡滑行，倒车时应有人监护。

(20) 行驶时，严禁人员存底盘走台上站立或蹲坐，并不得堆放物件。

183. 钢筋加工机具在施工过程中应如何做好安全管理?

(1) 钢筋调直切断机的安全管理。

1) 料架、料槽应安装平直，并应与导向筒、调直筒和下切刀孔的中心线一致。

2) 切断机安装后，应用手转动飞轮，检查传动机构和工作装置，并及时调整间隙，紧固螺栓。在检查并确认电气系统正常后，进行空运转。切断机空运转时，齿轮应啮合良好，并不得有异响，确认正常后开始作业。

3) 作业时，应按钢筋的直径，选用适当的调直块、曳引轮槽及传动速度。调直块的孔径应比钢筋直径大 2～5mm。曳引轮槽宽应和所需调直钢筋的直径相符合。大直径钢筋宜选用较慢的传动速度。

4）在调直块未固定或防护罩未盖好前，不得送料。作业中，不得打开防护罩。

5）送料前，应将弯曲的钢筋端头切除。导向筒前应安装一根长度宜为1m的钢管。

6）钢筋送入后，手应与曳轮保持安全距离。

7）当调直后的钢筋仍有慢弯时，可逐渐加大调直块的偏移量，直到调直为止。

8）切断3～4根钢筋后，应停机检查钢筋长度，当超过允许偏差时，应及时调整限位开关或定尺板。

（2）钢筋切断机的安全管理。

1）接送料的工作台面应和切刀下部保持水平，工作台的长度应根据加工材料长度确定。

2）启动前，应检查并确认切刀无裂纹，刀架螺栓应紧固，防护罩应牢靠。应用手转动皮带轮，检查齿轮啮合间隙，并及时调整。

3）启动后，应先空运转，检查并确认各传动部分及轴承运转正常后，开始作业。

4）机械未达到正常转速前，不得切料。操作人员应使用切刀的中、下部位切料，应紧握钢筋对准刃口迅速投入，并应站在固定刀片一侧用力压住钢筋，防止钢筋末端弹出伤人。不得用双手分在刀片两边握住钢筋切料。

5）操作人员不得剪切超过机械性能规定强度及直径的钢筋或烧红的钢筋。一次切断多根钢筋时，其总截面积应在规定范围内。

6）剪切低合金钢筋时，应更换高硬度切刀，剪切直径应符合机械性能的规定。

7）切断短料时，手和切刀之间的距离应大于150mm，并应采用套管或夹具将切断的短料压住或夹牢。

8）机械运转中，不得用手直接清除切刀附近的断头和杂物。在钢筋摆动范围和机械周围，非操作人员不得停留。

9）当发现机械有异常响声或切刀歪斜等不正常现象时，应立即停机检修。

10）液压式切断机启动前，应检查并确认液压油位符合规定。切断机启动后，应空载运转，检查并确认电动机旋转方向应符合规定，并应打开放油阀，在排净液压缸体内的空气后开始作业。

11）手动液压式切断机使用前，应将放油阀按顺时针方向旋紧，作业完毕后，应立即按逆时针方向旋松。

（3）钢筋弯曲机的安全管理。

1）工作台和弯曲机台面要保持水平。

2）在作业前准备好各种芯轴及工具，并应按加工钢筋的直径和弯曲半径的要求，装好相应规格的芯轴和成形轴、挡铁轴。芯轴直径应为钢筋直径的 2.5 倍。挡铁轴应有轴套。挡铁轴的直径和强度不得小于被弯钢筋的直径和强度。

3）启动前，应检查芯轴、挡铁轴、转盘无损坏和裂纹，防护罩紧固可靠，经空运转确认正常后，方可作业。

4）作业时，将钢筋需弯曲的一头插在转盘固定销的间隙内，另一端紧靠机身固定销，并用手压紧，在检查并确认机身固定销安放在挡住钢筋的一侧后，方可开动。

5）弯曲作业中，严禁更换轴芯、销子和变换角度以及调速等，不得清扫和加油。

6）弯曲钢筋时，严禁超过钢筋弯曲机规定的钢筋直径、根数及机械转速。

7）对超过机械铭牌规定直径的钢筋不得进行弯曲。在弯曲未经冷拉或带有锈皮的钢筋时，应戴防护镜。

8）在弯曲高强度钢筋时，应进行钢筋直径换算，钢筋直径不得超过机械允许的最大弯曲能力，并应及时调换相应的芯轴。

9）操作人员应站在机身设有固定销的一侧。成品钢筋应堆放整齐，弯钩不得朝上。

10）转盘换向应在弯曲机停稳后进行。

184. 混凝土施工机具在使用过程中应如何做好安全管理?

（1）插入式振捣器的安全管理。

1）作业前，应检查电动机、软管、电缆线、控制开关灯，并应确认其处于完好状态，电缆线连接应正确。

2）插入式振动器的电动机电源，应安装漏电保护装置，接地或接零应安全可靠。

3）操作人员应经过用电教育，作业时应穿绝缘胶鞋和戴绝缘手套。

4）电缆线应满足操作所需的长度。电缆线上不得堆压物品或受车辆挤压，严禁用电缆线拖拉或吊挂振动器。电缆线应采用耐气候型的橡皮护套铜芯软电缆，并不得有接头。

5）使用前，应检查各部并确认连接牢固，旋转方向正确。

6）振动器不得在初凝的混凝土、地板、脚手架和干硬的地面上进行试振。在检修或作业间断时，应断开电源。

7）作业时，振动棒软管的弯曲半径不得小于500mm，操作时应将振捣器垂直插入混凝土，深度不宜超过600mm。

8）振动棒软管不得出现断裂。当软管使用过久使长度增长时，应及时修复或更换。

9）作业停止需移动振动器时，应先关闭电动机，再切断电源。不得用软管拖拉电动机。

10）作业完毕，应将电动机、软管、振动棒清理干净，并应按规定进行保养作业。振动器存放时，不得堆压软管，应平直放好，并应对电动机采取防潮措施。

（2）附着式、平板式振捣器的安全管理。

1）作业前，应检查电动机、电源线、控制开关等，并确认完好无损。附着式振捣器的安装位置应正确，连接应牢固，并应安装减振装置。

2）附着式、平板式振动器轴承不应承受轴向力，在使用时，电动机轴应保持水平状态。

3）在一个模板上同时使用多台附着式振动器时，各振动器的频率应保持一致，相对面的振动器应错开安装。

4）作业前，应对附着式振动器进行检查和试振。试振不得在干硬土或硬质物体上进行。安装在搅拌站料仓上的振动器，应安置橡胶垫。

5）安装时，振动器底板安装螺孔的位置应正确，应防止底脚螺栓安装扭斜而使机壳受损。底脚螺栓应紧固，各螺栓的紧固程度应一致。

6）使用时，引出电缆线不得拉得过紧，更不得断裂。作业时，应随时观察电气设备的漏电保护器和接地或接零装置，并确认合格。

7）附着式振动器安装在混凝土模板上时，每次振动时间不应超过1min，当混凝土在模内泛浆流动或成水平状即可停振，不得在混凝土呈初凝状态时再振。

8）装置振动器的构件模板应坚固牢靠，其面积应与振动器额定振动面积相适应。

9）平板式振动器作业时，应使平板与混凝土保持接触，使振波有效地振实混凝土，待表面出浆，不再下沉后，即可缓慢向前移动，移动速度应能保证混凝土振实出浆。在振的振动器，不得搁置在已凝或初凝的混凝土上。

（3）混凝土搅拌输送车的安全管理。

1）液压系统和气动装置的安全阀、溢流阀的调整压力应符合使用说明书的要求。卸料槽锁扣及搅拌筒的安全锁定装置应齐全完好。

2）燃油、润滑油、液压油、制动液及冷却液应添加充足，质量应符合要求，不得有渗漏等。

3）搅拌筒投机架缓冲件应无裂纹或损伤，筒体与托轮应

接触良好。搅拌叶片、进料斗、主辅卸料槽不得有严重磨损和变形。

4）装料前应先启动内燃机空载运转，并低速旋转搅拌筒3～5min，当各仪表指示正常、制动气压达到规定值时，并检查确认后装料。装载量不得超过规定值。

5）行驶前，应确认操作手柄处于“搅动”位置并锁定，卸料槽锁扣应扣牢。搅拌行驶时最高速度不得大于50km/h。

6）出料作业时，应将搅拌运输车停靠在地势平坦处，应与基坑及输电线路保持安全距离，并应锁定制动系统。

7）进入搅拌筒维修、清理混凝土前，应将发动机熄火，操作杆置于空挡，将发动机钥匙取出，并应设专人监护，悬挂安全警示牌。

185. 外防护架在施工过程中应如何做好安全管理？

（1）外防护架施工安全操作工序如图4-1所示。

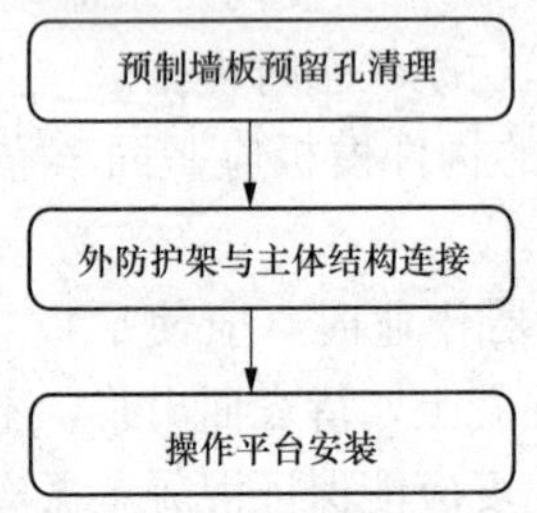

图4-1　外防护架施工安全操作工序

1）预制墙板预留孔清理：在搭设外防护架前先对照图纸对墙体预制构件的预留孔洞进行清理，保证其通顺、位置正确；检查无误后方可进行外防护架搭设。

2）外防护架与主体结构连接：三角挂架靠墙处采用螺母与预制墙体进行连接。三角挂架靠墙处下部直接支顶在结构外墙上。安装时首先将外防护架用螺母与预制墙体进行连接，使用钢板垫片与螺帽进行连接并拧紧。

3）操作平台安装：铺设木制多层板，用12号铁镀锌钢丝与钢筋骨架绑扎牢固。与墙之间不应有缝隙。脚手板应对接铺设，对接接头处设置钢筋骨架加强，两步架体水平间距不大于5cm。两步架体外防护处应用钢管进行封闭。挂架分组安装完毕后，应检查每个挂架连接件是否锁紧，检查组与组相交处连接钢管是否交叉，确认无误后方可进行下步施工。操作人员在安拆过程中安全带要挂在上部固定点处。

（2）外防护架提升时的安全操作要求。

1）操作人员在穿钢绳挂钩过程中需要系好安全带，在提升过程中外防护架上严禁站人。

2）外架提升时应在地上组装好外架（按图纸长度组装好），检查外架是否与图纸有偏差、吊点和外架焊接是否牢同。如发现有问题及时处理，处理好后再进行提升外架作业。

3）挂架提升时，外墙上预留洞口必须先清理完毕。必须先挂好吊钩，然后提升架体，提升时设一道“安全绳”，确保操作人员安全，当架体吊到相应外墙预留穿墙孔洞时，停稳后，再用穿墙螺杆拧紧后再摘取挂钩钢绳。坠落范围内设警戒区专人看护。严格控制各组挂架的同步性，不能同步时必须在外防护架楼层设置防护栏杆、挂钢丝密目网进行封闭。外防护架提升前必须进行安全交底。

186. 模板与支撑拆除时应如何做好安全管理?

（1）模板拆除。

1）模板拆除时，可采取先拆非承重模板、后拆承重模板的顺序。水平结构模板应由跨中向两端拆除，竖向结构模板应自上而下进行拆除。

2）多个楼层间连续支模的底层支架拆除时间，应根据连续支模的楼层间荷载分配和后浇混凝土强度的增长情况确定。

3）当后浇混凝土强度能保证构件表面及棱角不受损伤时，

方可拆除侧模模板。

（2）支撑拆除。叠合构件的后浇混凝土同条件立方体抗压强度达到设计要求时，方可拆除龙骨及下一层支撑；当设计无具体要求时，同条件养护的后浇混凝土立方体试件抗压强度应符合以下规定。

1）预制墙板斜支撑和限位装置应在连接节点和连接接缝部位后浇混凝土或灌浆料强度达到设计要求后拆除；当设计无具体要求时，后浇混凝土或灌浆料应达到设计强度的75％以上方可拆除。

2）预制柱斜支撑应在预制柱与连接节点部位后浇混凝土或灌浆料强度达到设计要求且上部构件吊装完成后进行拆除。

3）拆除的模板和支撑应分散堆放并及时清运。应采取措施避免施工集中堆载。

187. 装配式混凝土结构吊装过程中应采取哪些安全措施?

（1）吊装前的准备。根据《建筑施工起重吊装工程安全技术规范》（JGJ 276—2012）的规定，施工单位应对从事预制构件吊装作业及相关人员进行安全培训与交底，明确预制构件吊装、就位各环节的作业风险，并制订防止危险情况的措施。安装作业开始前，应对安装作业区做出明显的标识，划定危险区域，拉警戒线将吊装作业区封闭，并派专人看管，加强安全警戒，严禁与安装作业无关的人员进入吊装危险区。应定期对预制构件吊装作业所用的安装工器具进行检查，发现有可能存在的使用风险，应立即停止使用。吊机吊装区域内，非作业人员严禁进入。

（2）吊装过程中的一般规定。吊运预制构件时，构件下方严禁站人，应待预制构件降落至地面1m以内方准作业人员靠近，就位固定后方可脱钩。构件应采用垂直吊运，严禁采用斜拉、斜吊，杜绝与其他物体的碰撞或钢丝绳被拉断的事故。在吊装回转、俯仰吊臂、起落吊钩等动作前，应鸣声示意。一次宜进行一个动作，待前一动作结束后，再进行下一动作。吊起的构件不得长时间悬在空中，应采取措施将重物降落到安全位置。吊运过程应平稳，不应有大幅摆动，不应突然制动。回转未停稳前，不得做反向操作。采用抬吊时，应进行合理的负荷分配，构件质量不得超过两机额定起重量总和的 75%，单机载荷不得超过额定起重量的 80%。两机应协调起吊和就位，起吊的速度应平稳缓慢。双机抬吊是特殊的起重吊装作业，要慎重对待，关键是做到载荷的合理分配和双机动作的同步。因此，需要统一指挥。吊车吊装时应观测吊装安全距离、吊车支腿处地基变化情况及吊具的受力情况。在风速达到 12m/s 及以上或遇到雨、雪、雾等恶劣天气时，应停止露天吊装作业。下列情况下，不得进行吊装作业。

1）工地现场昏暗，无法看清场地、被吊构件和指挥信号时。

2）超载或被吊构件质量不清，吊索具不符合规定时。

3）吊装施工人员饮酒后。

4）捆绑、吊挂不牢或不平衡，可能引起滑动时。

5）被吊构件上有人或浮置物时。

6）结构或零部件有影响安全工作的缺陷或损伤时。

7）遇有拉力不清的埋置物件时。

8）被吊构件棱角处与捆绑绳间未加衬垫时。

（3）预制构件吊装过程中的安全管理。

1）柱的吊装。柱的起吊方法应符合施工组织设计规定。柱就位后，必须将柱底落实，初步校正垂直后，较宽面的两侧用钢斜撑进行临时固定。对重型柱或细长柱以及多风或风大地区，在柱子上部应采取稳妥的临时固定措施，确认牢固可靠后，方可指挥脱钩。校正柱后，及时对连接部位注浆。混凝土强度达到设计强度 75%时，方可拆除斜撑。

2）梁的吊装。梁的吊装应在柱永久固定安装后进行。吊车梁的吊装，应采用支撑撑牢或用 8 号铁丝将梁捆于稳定

的构件上后，方可摘钩。应在梁吊装完，也可在屋面构件校正并最后固定后进行。校正完毕后，应立即焊接或机械连接固定。

3）板的吊装。吊装预制板时，宜从中间开始向两端进行，并应按先横墙后纵墙，先内墙后外墙，最后隔断墙的顺序逐间封闭吊装。预制板宜随吊随校正。就位后偏差过大时，应将预制板重新吊起就位。就位后应及时在预制板下方用独立钢支撑或钢管脚手架顶紧，及时绑扎上皮钢筋及各种配管，浇筑混凝土形成叠合板体系。外墙板应在焊接固定后方可脱钩，内墙和隔墙板可在临时固定可靠后脱钩。校正完后，应立即焊接预埋筋，待同一层墙板吊装相校正完后，应随即浇筑墙板之间立缝作最后固定。梁混凝土强度必须达到75%以上，方可吊装楼层板。外墙板的运输和吊装不得用钢丝绳兜吊，并严禁用铁丝捆扎。挂板吊装就位后，应与主体结构（如柱、梁或墙等）临时或永久固定后方可脱钩。

4）楼梯吊装。楼梯安装前应支楼梯支撑，且保证牢固可靠，楼梯吊运时，应保证吊运路线内不得站人，楼梯就位时操作人员应在楼梯两侧，楼梯对接永久固定以后，方可拆除楼梯支撑。

（4）吊装后的安全措施。对吊装中未形成空间稳定体系的部分，应采取有效的临时固定措施。混凝土构件永久固定的连接，应经过严格检查，并确认构件稳定后，方可拆除临时固定措施。起重设备及其配合作业的相关机具设备在工作时，必须指定专人指挥。对混凝土构件进行移动、吊升、停止、安装时的全过程应用远程通信设备进行指挥，信号不明时不得启动。重新作业前，应先试吊，并应确认各种安全装置灵敏可靠后进行作业。装配整体式混凝土结构在绑扎柱、墙钢筋时，应采用专用高凳作业，当高于围挡时，作业人员应佩戴穿芯自锁保险带。

188. 预制构件在装卸时应如何做好安全管理?

(1)卸车准备。

1)构件卸车前，应预先布置好临时码放场地，构件临时码放场地需要合理布置在吊装机械可覆盖范围内，避免二次吊装。

2)管理人员分派装卸任务时，要向工人交代构件的名称、大小、形状、质量、使用吊具及安全注意事项。

3)安全员应根据装卸作业特点对操作人员进行安全教育。装卸作业开始前，需要检查装卸地点和道路，清除障碍。

(2)卸车。

1)装卸作业时，应按照规定的装卸顺序进行，确保车辆平衡，避免由于卸车顺序不合理导致车辆倾覆，应采取保证车体平衡的措施。

2)装卸过程中，构件移动时，操作人员要站在构件的侧面或后面，以防物体倾倒。参与装卸的操作人员要佩戴必要安全劳保用品。

3)装卸时，汽车未停稳，不得抢上抢下。

4)开关汽车栏板时，在确保附近无其他人员后，必须两人进行。汽车未进入装卸地点时，不得打开汽车栏板，在打开汽车栏板后，严禁汽车再行移动。

5)卸车时，要保证构件质量前后均衡，并采取有效的防止构件损坏的措施。卸车时，务必从上至下，依次卸货，不得在构件下部抽卸，以防车体或其他构件失衡。

(3)堆放。

1)预制构件堆放场地应平整、坚实、无积水。

2)卸车后，预埋吊件应朝上，标识应朝向堆垛间的通道。

3)构件应根据制作、吊装平面规划位置，按类型、编号、吊装顺序、方向依次配套堆放。

4)构件应按设计支承位置堆放平稳，底部应设置垫木。

5）对不规则的柱、梁、板应专门分析确定支承和加垫方法；构件支垫应坚实，垫块在构件下的位置宜与脱模吊装时的起吊位置一致；重叠堆放构件时，每层构件间的垫块应上下对齐，堆垛层数应根据构件、垫块的承载力确定，剪力墙、屋架、薄腹梁等重心较高的构件，应直立放置，除设支承垫木外，应于其两侧设置支撑使其稳定，支撑不得少于2道，并应根据需要采取防止堆垛倾覆的措施；柱、梁、楼板、楼梯应重叠堆放，重叠堆放的构件应采用垫木隔开，上、下垫木应在同一垂线上，其堆放高度应遵守以下规定：柱不宜超过2层；梁不宜超过3层；楼屋面预制板不宜超过6层；圆孔板不宜超过8层；堆垛间应留2m宽的通道；堆放预应力构件时，应根据构件起拱值的大小和堆放时间采取相应措施。

（4）装载预制构件时应注意的事项。

1）尽可能在坚硬平坦的道路上装载。

2）装载位置尽量靠近半挂车中心，左右两边余留空隙基本一致。

3）吊装工具与预构件连接必须牢靠，较大构件必须直立吊起和存放。

4）预制构件起升高度要严格控制，预制构件的底部距离车架承载面或地面小于100mm。

5）吊装行走时立面在前，操作人员立于预制构件的后端，两侧与前面禁止站人。

189. 装配式混凝土结构高处作业时应如何做好安全管理?

（1）预制构件吊装前，吊装作业人员应穿防滑鞋、戴安全帽。预制构件吊装过程中，高空作业的各项安全检查不合格时，严禁高空作业。使用的工具和零配件等，应采取防滑落措施，严禁上下抛掷。构件起吊后，构件和起重臂下面，严禁站人。构件应匀速起吊，平稳后方可钩住，然后使用辅助性工具安装。

（2）安装过程中的攀登作业需要使用梯子时，梯脚底部应坚实，不得垫高使用，折梯使用时，上部夹角以 35°～45°为宜，设有可靠的拉撑装置，梯子的制作质量和材质应符合规范要求。安装过程中的悬空作业应设置防护栏杆或其他可靠的安全措施，悬空作业所使用的索具、吊具、料具等设备应为经过技术鉴定或验证、验收的合格产品。

（3）梁、板吊装前在梁、板上提前将安全立杆和安全维护绳安装到位，为吊装时工人佩戴安全带提供连接点。吊装预制构件时，下方严禁站人和行走。在预制构件的连接、焊接、灌缝、灌浆时，离地 2m 以上框架、过梁、雨篷和小平台，应设操作平台，不得直接站在模板或支撑件上操作。安装梁和板时，应设置临时支撑架，临时支撑架调整时，需要两人同时进行，防止构件倾覆。

（4）安装楼梯时，作业人员应在构件一侧，佩戴安全带，并应严格遵守高挂低用。

（5）外围防护一般采用外挂架，架体高度要高于作业面，作业层脚手板要铺设严密。架体外侧应使用密目式安全网进行封闭，安全网的材质应符合规范要求，现场使用的安全网必须是符合国家标准的合格产品。

（6）在建工程的预留洞口、楼梯口、电梯井口应有防护措施，防护设施应铺设严密，符合规范要求，防护设施应达到定型化、工具化，电梯井内应每隔两层（不大于 10m）设置一道安全平网。

（7）通道口防护应严密、牢固，防护棚两侧应设置防护措施，防护棚宽度应大于通道口宽度，长度应符合规范要求，建筑物高度超过 30m 时，通道口防护顶棚应采用双层防护，防护棚的材质应符合规范要求。

（8）存放辅助性工具或者零配件需要搭设物料平台时，应有相应的设计计算，并按设计要求进行搭设，支撑系统必须与建筑结构进行可靠连接，材质应符合规范及设计要求，并应在平台上设置荷载限定标牌。

（9）预制梁、楼板及叠合受弯构件的安装需要搭设临时支撑时，所需钢管等需要悬挑式钢平台来存放，悬挑式钢平台应有相应的设计计算，并按设计要求进行搭设，搁置点与上部拉结点必须位于建筑结构上，斜拉杆或钢丝绳应按要求两边各设置前后两道，钢平台两侧必须安装固定的防护栏杆，并应在平台上设置荷载限定标牌，钢平台台面、钢平台与建筑结构间铺板应严密、牢固。

（10）安装管道时必须有已完结构或操作平台作为立足点，严禁在安装中的管道上站立和行走。移动式操作平台的面积不应超过 $10m^2$，高度不应超过5m，移动式操作平台轮子与平台连接应牢固、可靠，立柱底端距地面高度不得大于80mm，操作平台应按规范要求进行组装，铺板应严密，操作平台四周应按规范要求设置防护栏杆，并设置登高扶梯，操作平台的材质应符合规范要求。

（11）安装门、窗，油漆及安装玻璃时，严禁操作人员站在樘子、阳台栏板上操作。门、窗临时固定，封填材料未达到强度，以及电焊时，严禁手拉门、窗进行攀登。在高处外墙安装门、窗，无外脚手时，应张挂安全网。无安全网时，操作人员应系好安全带，其保险钩应挂在操作人员上方的可靠物件上。进行各项窗口作业时，操作人员的重心应位于室内，不得在窗台上站立，必要时应系好安全带进行操作。

第三节　装配式混凝土结构组织管理

190. 装配式混凝土结构施工中应如何对材料、预制构件进行管理？

（1）材料、预制构件的管理内容和要求。施工材料、预制构件管理是为顺利完成项目施工任务，从施工准备到项目竣工交付为止，所进行的施工材料和构件计划、采购运输、库存保管、使用、回收等所有的相关管理工作。

1）根据现场施工所需的数量、构件型号，提前通知供货厂家按照提供的和进场计划组织好运输车辆，有序地运送到现场。

2）装配式结构采用的灌浆料、套筒等材料的规格、品种、型号和质量必须满足设计和有关规范、标准的要求，坐浆料和灌浆料应提前进场取样送检，避免影响后续施工。

3）预制构件的尺寸、外观、钢筋等，必须满足设计和有关规范、标准的要求。

4）外墙装饰类构件、材料应符合现行国家规范和设计的要求，同时应符合经业主批准的材料样板的要求，并应根据材料的特性、使用部位来进行选择。

5）建立管理台账，进行材料收、发、储、运等环节的技术管理，对预制构件进行分类有序堆放。此外同类预制构件应采取编码使用管理，防止装配过程中出现位置错装问题。

(2) 材料、预制构件运输控制。应采用预制构件专用运输车或对常规运输车进行改装，降低车辆装载重心高度并设置运输稳定专用固定支架后，运输构件。预制叠合板、预制阳台和预制楼梯宜采用平放运输，预制外墙板宜采用专用支架竖直靠放运输。预制外墙板养护完毕即安置于运输靠放架上，每一个运输架上对称放置两块预制外墙板。运输薄壁构件，应设专用固定架，采用竖立或微倾放置方式。为确保构件表面或装饰面不被损伤，放置时插筋向内、装饰面向外，与地面之间的倾斜角度宜大于80°，以防倾覆。为防止运输过程中，车辆颠簸对构件造成损伤，构件与刚性支架应加设橡胶垫等柔性材料，且应采取防止构件移动、倾倒、变形等的固定措施。此外构件运输堆放时还应满足下列要求。

1）构件运输时的支承点应与吊点在同一竖直线上，支承必须牢固。

2）运载超高构件时应配电工跟车，随带工具保护途中架空线路，保证运输安全。

3）运输T梁、工梁、桁架梁等易倾覆的大型构件时，必须用斜撑牢固地支撑在梁腹上。

4）构件装车后应用紧线器紧固于车体上，长距离运输途中应检查紧线器的牢固状况，发现松动必须停车紧固，确认牢固后方可继续运行。

5）搬运托架、车厢板和预制混凝土构件间应放入柔性材料，构件应用钢丝绳或夹具与托架绑扎，构件边角与锁链接触部位的混凝土应采用柔性垫衬材料保护。

（3）大型预制构件运输方案。

1）运输工作开始之前，要做好充分准备。

2）设计全面的吊装运输方案，明确运输车辆，合理设计并制作运输架等装运工具，并应仔细清点构件，确保构件质量良好并且数量齐全。

3）当运输超高、超宽、超长构件时，必须向有关部门申报，经批准后，在指定路线上行驶。

4）牵引车上应悬挂安全标志，超高的部件应有专人照看，并配备适当保护器具，保证在有障碍物的情况下安全通过。

5）大型构件在实际运输之前应踏勘运输路线，确认运输道路的承载力（含桥梁和地下设施）、宽度、转弯半径和穿越桥梁、隧道的净空与架空线路的净高满足运输要求，确认运输机械与电力架空线路的最小距离符合要求，必要时可以进行试运。

6）必须选择平坦坚实的运输道路，必要时“先修路、再运送”。

191. 装配式混凝土结构施工中应如何对施工现场平面进行布置？

在装配式混凝土结构施工中，合理的施工现场平面布置是很重要的。施工现场平面布置图是在拟建工程的建筑平面上（包括周围环境），布置为施工服务的各种临时建筑、临时设施及材料、施工机械、预制构件等。它反映已有建筑与拟建工程之间、临时建筑与临时设施之间的相互空间关系。施工现场平面布置图布置得恰当与否，执行的好坏，对施工组织、文明施工、施工进度、工程成本、工程质量和安全都将产生直接的影响。

（1）施工总平面图的设计内容。

1）装配式混凝土结构施工用地范围内的地形状况。

2）全部拟建建（构）筑物和其他基础设施的位置。

3）项目施工用地范围内的构件堆放区、运输构件车辆装盘点、运输设施。

4）供电、供水、供热设施与线路，排水排污设施、临时施工道路。

5）办公用房和生活用房。

6）施工现场机械设备布置图。

7）现场常规的建筑材料及周转工具。

8）现场加工区域。

9）必备的安全、消防、保卫和环保设施。

10）相邻的地上、地下既有建（构）筑物及相关环境。

（2）施工总平面图设计原则。

1）平面布置科学合理，减少施工场地占用面积。

2）合理规划预制构件堆放区域，减少二次搬运；构件堆放区域单独隔离设置，禁止无关人员进入。

3）施工区域的划分和场地的临时占用应符合总体施工部署施工流程的要求，减少相互干扰。

4）充分利用既有建（构）筑物和既有设施为项目施工服务，降低临时设施的建造费用。

5）临时设施应方便生产和生活，办公区、生活区、生产区宜分离设置。

6）符合节能、环保、安全和消防等要求。

7）遵守当地主管部门和建设单位关于施工现场安全文明施工的相关规定。

（3）施工总平面图设计要点。

1）设置大门，引入场外道路。施工现场宜考虑设置两个以上大门。大门应考虑周边路网情况、道路转弯半径和坡度限制，大门的高度和宽度应满足大型运输构件车辆通行要求。

2）布置大型机械设备。塔式起重机布置时，应充分考虑其塔臂覆盖范围、塔式起重机端部吊装能力、单体预制构件的质量、预制构件的运输、堆放和构件装配施工。

3）布置构件堆场。构件堆场应满足施工流水段的装配要求，且应满足大型运输构件车辆、汽车起重机的通行、装卸要求。为保证现场施工安全，构件堆场应设围挡，防止无关人员进入。

4）布置运输构件车辆装卸点。为防止因运输车辆长时间停留影响现场内道路的畅通，阻碍现场其他工序的正常工作施工。装卸点应在塔式起重机或者起重设备的塔臂覆盖范围之内，且不宜设置在道路上。

5）合理布置临时加工场区。

6）布置内部临时运输道路。施工现场道路应按照永久道路和临时道路相结合的原则布置。施工现场内宜形成环形道路，减少道路占用土地。施工现场的主要道路必须进行硬化处理，主干道应有排水措施。临时道路要把仓库、加工厂、构件堆场和施工点贯穿起来，按货运量大小设计双行干道或单行循环道满足运输和消防要求，主干道宽度不小于 6m。构件堆场端头处应有 12m×12m 车场，消防车道宽度不小于 4m，构件运输车辆转弯半径不宜小于15m。

7）布置临时房屋。充分利用已建的永久性房屋，临时房屋用可装拆重复利用的活动房屋。生活办公区和施工区要相对独立，宿舍室内净高不得小于2.4m，通道宽度不得小于0.9m，每间宿舍居住人员不得超过16人。办公用房宜设在工地入口处，食堂宜布置在生活区。

8）布置临时水电管管网和其他动力设施。临时总变电站应设在高压线进入工地处，尽量避免高压线穿过工地。临时水池、水塔应设在用水中心和地势较高处。管网一般沿道路布置，供电线路应避免与其他管道设在同一侧。施工总平面图按正式绘图规则、比例、规定代号和规定线条绘制，把设计的各类内容均标绘在图上，标明图名、图例、比例、方向标记、必要的文字说明。

（4）施工平面图现场管理要点。

1）总体要求。文明施工、安全有序、整洁卫生、不扰民、不损害公众利益。

2）出入口管理。现场大门应设置警卫岗亭，安排警卫人员24h值班，查人员出入证、材料、构件运输单、安全管理等。施工现场出入口应标有企业名称或企业标识，主要出入口明显处应设置工程概况牌，大门内应有施工现场总平面图和安全生产、消防保卫、环境保护、文明施工等制度牌。

3）规范场容。施工平面图设计的科学合理化、物料堆放与机械设备定位标准化，保证施工现场场容规范化。构件堆放区域应设置隔离围挡，防止吊运作业时无关人员进入。在施工现场周边按规范要求设置临时维护设施。现场内沿路设置畅通的排水系统。现场道路主要场地做硬化处理。设专人清扫办公区和生活区，并对施工作业区和临时道路洒水和清扫。建筑物内施工垃圾的清运，必须采用相应容器或管道运输，严禁凌空抛掷。

4）环境保护。施工对环境造成的影响有：大气污染、室内空气污染、水污染、土壤污染、噪声污染、光污染、垃圾污染等。对此应按有关环境保护的法规和相关规定进行防治。

5）卫生防疫管理。加强对工地食堂、炊事人员和炊具的管理。食堂必须有卫生许可证，炊事人员必须持身体健康证上岗。确保卫生防疫，杜绝传染病和食物中毒事故的发生。根据需要制订和执行防暑、降温、消毒、防病措施。

192. 装配式混凝土结构施工现场构件堆场布置应注意哪些问题?

装配式混凝土结构施工，构件堆场在施工现场占有较大的面积。合理有序地对预制构件进行分类布置管理，可以减少施工现场的占用，促进构件装配作业，加快工程进度。

构件存放场地宜为混凝土硬化地面或经人工处理的自然地坪，应满足平整度、地基承载力、龙门吊安全行驶坡度的要求，避免发生由于场地原因造成构件开裂损坏、龙门吊的溜滑事故。存放场地应设置在吊车的有效起重范围内，且场地应有排水措施。

(1）构件堆场的布置原则。

1）构件堆场宜环绕或沿所建构筑物纵向布置，其纵向宜与通行道路平行布置，构件布置宜遵循“先用靠外，后用靠里，分类依次并列放置”的原则。

2）预制构件应按规格型号、出厂日期、使用部位、吊装顺序分类存放，且应标识清晰。

3）不同类型构件之间应留有不少于 0.7m 的人行通道，预制构件装卸、吊装工作范围内不应有障碍物，并应有满足预制构件吊装、运输、作业、周转等工作的场地。

4）预制混凝土构件与刚性搁置点之间应设置柔性垫片，防止损伤成品构件；为便于后期吊运作业，预埋吊环宜向上，标识向外。

5）对于易损伤、污染的预制构件，应采取合理的防潮、防雨、防边角损伤措施。构件与构件之间应采用垫木支撑，保证构件之间留有不小于 200mm 的间隙，垫木应对称合理放置且表面应覆盖塑料薄膜。外墙门框、窗框和带外装饰材料的构件表面宜采用塑料贴膜或者其他防护措施；钢筋连接套管和预埋螺栓孔应采取封堵措施。

（2）混凝土预制构件堆放。

1）预制墙板。预制墙板根据受力特点和构件特点，宜采用专用支架对称插放或靠放存放，支架应有足够的刚度，并支垫稳固。预制墙板宜对称靠放、饰面朝外，与地面之间的倾斜角不宜小于 80°，构件与刚性搁置点之间应设置柔性垫片，防止损伤成品构件。预制构件的堆放如图 4-2 所示。

图 4-2 预制墙板的堆放

2）预制板类构件。预制板类构件可采用叠放方式存放，其叠放高度应按构件强度、地面耐压力、垫木强度以及垛堆的稳定性来确定，构件层与层之间应垫平、垫实，各层支垫应上下对齐，最下面一层支垫应通长设置，楼板、阳台板预制构件储存宜平放，采用专用存放架支撑，叠放储存不宜超过 6 层。预应力混凝土叠合板的预制带肋底板应采用板肋朝上叠放的堆放方式，严禁倒置，各层预制带肋底板下部应设置垫木，垫木应上下对齐，不得脱空，堆放层数不应大于7层，并应有稳固措施。吊环向上，标识向外。预制板类构件的堆放如图4-3所示。

图4-3 预制板类构件的堆放

（3）梁、柱构件。梁、柱等构件宜水平堆放，预埋吊装孔的表面朝上，且采用不少于两条垫木支撑，构件底层支垫高度不低于100mm，且应采取有效的防护措施。

193. 装配式混凝土结构施工过程中应如何对劳动力进行组织管理？

施工项目劳动力组织管理是项目经理部把参加施工项目生产活动的人员作为生产要素，对其所进行的劳动、劳动计划、组织、控制、协调、教育、激励等项工作的总称。其核心是按照施工项目的特点和目标要求，合理地组织、高效率地使用和管理劳动力，并按项目进度的需要不断调整劳动量、劳动力组织及劳动协作关系。不断培养提高劳动者素质，激发劳动者的积极性与创造性，提高劳动生产率，达到以最小的劳动消耗，全面完成工程合同，获取更大的经济效益和社会效益的目的。

（1）构件堆放专职人员组织管理。施工现场应设置构件堆放专职人员，负责对施工现场进场构件的堆放、储运管理工作。构件堆放专职人员应建立现场构件堆放台账进行构件收、发、储、运等环节的管理，对预制构件进行分类有序堆放。同类预制构件应采取编码使用管理，防止装配过程出现错装问题。为保障装配式建筑施工工作的顺利开展，确保构件使用及安装的准确性，防止构件装配出现错装、误装或难以区分构件等问题，不宜随意更换构件堆放专职人员。

（2）吊装作业劳动力组织管理。装配式混凝土结构在构件施工中，需要进行大量的吊装作业，吊装作业的效率将直接影响到施工现场的进度，吊装作业班的安全将直接影响到施工现场的安全文明管理。吊装作业一般由班组长、吊装工、测量放线工、司索工等组成。

（3）灌浆作业劳动力组织管理。灌浆作业由若干班组组成，每组应不少于两人，一人负责注浆作业、一人负责调浆及灌浆溢流孔封堵工作。

（4）动力组织技能培训。

1）吊装工序施工作业前，应对工人进行专门的吊装作业安全意识培训。构件安装前应对工人进行构件安装专项技术交底，确保构件安装质量一次到位。

2）灌浆作业施工前，应对工人进行专门的灌浆作业技能培训，模拟现场灌浆施工作业流程，提高注浆工人的质量意识和业务技能，确保构件灌浆作业的施工质量。

194. 装配式混凝土结构施工中应如何做好施工进度安排？

工程建设项目的进度控制是指在既定的工期内，对工程项目各建设阶段的工作内容、工作程序、持续时间和逻辑关系编制最优的施工进度计划，将该计划付诸实施。

进度控制的最终目标是确保进度目标的实现，或者在保证施工质量和不因此而增加施工实际成本的前提下，适当缩短施工工期。

（1）施工进度控制方法。进度计划是将项目所涉及的各项工作、工序进行分解后，按照工作开展顺序、开始时间、持续时间、完成时间及相互之间的衔接关系编制的作业计划。通过进度计划的编制，使项目实施形成一个有机的整体。同时，进度计划也是进度控制管理的依据。工程项目组织实施的管理形式分为3种：依次施工、平行施工、流水施工。

1）依次施工又叫顺序施工，是将拟建工程划分为若干个施工过程，每个施工过程按施工工艺流程顺次进行施工。前一个施工过程完成之后，后一个施工过程才开始施工。

2）平行施工通常在拟建工程工期十分紧迫时采用。在工作面、资源供应允许的前提下，组织多个相同的施工队，在同一时间、不同的施工段上同时组织施工。

3）流水施工是将拟建工程划分为若干个施工段，并将施工对象分解成若干个施工过程，按照施工过程成立相应的工作队，各工作队按施工过程顺序依次完成施工段内的施工过程，依次从一个施工段转到下一个施工段，使相应专业工作队间实现最大限度地搭接施工。

受生产线性能的影响，构件生产一般为依次预制。在具有多条同性能生产线时，可以平行预制生产。在装配施工现场，每栋建筑之间一般采用平行施工，一栋建筑采用依次施工。

（2）施工进度计划编制。

1）施工进度计划的分类。施工进度计划按编制对象的不同可分为：建设项目施工总进度计划、单位工程进度计划、分阶段工程（或专项工程）进度计划、分部分项工程进度计划4种。

建设项目施工总进度计划：施工总进度计划是以一个建设项目或一个建筑群体为编制对象，用以指导整个建设项目或建筑群体施工全过程进度控制的指导性文件。它按照总体施工部署确定了每个单项工程、单位工程在整个项目施工组织中所处的地位，也是安排各类资源计划的主要依据和控制性文件。由于施工内容多，施工工期长，故其主要体现综合性、控制性。

建设项目施工总进度计划一般在总承包企业的总工程师领导下进行编制。

单位工程进度计划：是以一个单位工程为编制对象，在项目总进度计划控制目标的原则下，用以指导单位工程施工全过程进度控制的指导性文件。由于它所包含的施工内容具体明确，故其作业性强，是控制进度的直接依据。单位工程开工前，由项目经理组织，在项目技术负责人领导下进行编制。

分阶段工程（或专项工程）进度计划是以工程阶段目标（或专项工程）为编制对象，用以指导其施工阶段（或专项工程）实施过程的进度控制文件。分部分项工程进度计划是以分部分项工程为编制对象，用以具体实施操作其施工过程进度控制的专业性文件。分阶段、分部分项进度计划是专业工程具体安排控制的体现，通常由专业工程师或负责分部分项的工长进行编制。

2）合理施工程序和顺序安排的原则。施工进度计划是施工现场各项施工活动在时间、空间上先后顺序的体现。合理编制施工进度计划就必须遵循施工技术程序的规律，根据施工方案和工程开展程序去组织施工，才能保证各项施工活动的紧密衔接和相互促进，充分利用资源，确保工程质量，加快施工速度，达到最佳工期目标。同时，还能降低建筑工程成本，充分发挥投资效益。施工程序和施工顺序随着施工规模、性质、设计要求及装配式混凝土结构施工条件和使用功能的不同而变化，但仍有可供遵循的共同规律，在装配式混凝土结构施工进度计划编制过程中，应充分考虑与传统混凝土结构施工的不同点，以便于组织施工：①需多专业协调的图纸深化设计；②需事先编制构件生产、运输、吊装方案，事先确定塔式起重机选型；③需考虑现场堆放预制构件平面布置；④由于钢筋套筒灌浆作业受温度影响较大，宜避免冬期施工；⑤预制构件装配过程中，应单层分段分区域组装；⑥既要考虑施工组织的空间顺序，又要考虑构件装配的先后顺序，在满足施工工艺要求的条件下，尽可能地利用工作面，使相邻两个工种在时间上合理地和最大限度地搭接起来；⑦穿插施工，吊装流水作业，相比传统建筑施工，装配式混凝土结构施工过程中对吊装作业的要求大大提高，塔式起重机吊装次数成倍增长，施工现场塔式起重机设备的吊装运转能力将直接影响到项目的施工效率和工程建设工期。

（3）施工进度优化控制。在装配式混凝土结构实施过程中，必须对进展过程实施动态监测。要随时监控项目的进展，收集实际进度数据，并与进度计划进行对比分析。出现偏差，要找出原因及对工期的影响程度，并相应采取有效的措施做必要调整，使项目按预定的进度目标进行。项目进度控制的目标就是确保项目按既定工期目标实现，或在实现项目目标的前提下适当缩短工期。

1）施工进度控制程序。施工进度控制是各项目标实现的重要工作，其任务是实现项目的工期或进度目标。主要分为进度的事前控制、事中控制和事后控制。

2）进度计划的实施与监测。施工进度控制的总目标应进行层层分解，形成实施进度控制、相互制约的目标体系。目标分解，可按单项工程分解为阶段目标；按专业或施工阶段分解为阶段目标；按年、季、月计划分解为阶段分目标。施工进度计划实施监测的方法有：横道计划比较法、网络计划法、实际进度前锋线法等。施工进度计划监测的内容：①随着项目进展，不断观测每一项工作的实际开始时间、实际完成时间、实际持续时间、目前现状等内容，并加以记录；②定期观测关键工作的进度和关键线路的变化情况，并采取相应措施进行调整；③观测检查非关键工作的进度，以便更好的发掘潜力，调整或优化资源，以保证关键工作按计划实施；④定期检查工作之间的逻辑关系变化情况，以便适时进行调整；⑤有关项目范围、进度目标、保障措施变更的信息等，加以记录。项目进度计划监测后，应形成书面进度报告。

3）进度计划的调整。施工进度计划的调整依据进度计划检查结果进行。调整的内容包括：施工内容、工程量、起止时间、持续时间、工作关系、资源供应等，调整施工进度计划采用的原理、方法与施工进度计划的优化相同。调整施工进度计划的步骤如下：①分析进度计划检查结果；②分析进度偏差的影响并确定调整的对象和目标；③选择适当的调整方法，编制调整方案；④对调整方案进行评价和决策、调整，确定调整后付诸实施的新施工进度计划。

195. 装配式混凝土结构施工过程中应怎样做好机械设备的管理？

在装配式混凝土结构施工过程中，做好机械设备的管理是至关重要的。

机械设备管理就是对机械设备的全过程的管理，即从选购机械设备开始，经投入使用、磨损、补偿，直至报废退出生产领域为止的全过程的管理。

（1）机械设备选型。

1）机械设备选型依据。①工程的特点：根据工程平面分布、长度、高度、宽度、结构形式等确定设备选型；②工程量：充分考虑建设工程需要加工运输的工程量大小，决定选用的设备型号；③施工项目的施工条件：现场道路条件、周边环境条件、现场平面布置条件等。

2）机械设备选型原则：①适应性：施工机械与建设项目的实际情况相适应，即施工机械要适应建设项目的施工条件和作业内容。施工机械的工作容量、生产效率等要与工程进度及工程量相符合，避免因施工机械设备的作业能力不足而延误工期，或因作业能力过大而使机械设备的利用率降低；②高效性：通过对机械功率、技术参数的分析研究，在与项目条件相适应的前提下，尽量选用生产效率高的机械设备；③稳定性：选用性能优越稳定、安全可靠、操作简单方便的机械设备。避免因设备经常不能运转而影响工程项目的正常施工；④经济性：在选择工程施工机械时，必须权衡工程量与机械费用的关系。尽可能选用低能耗、易保养维修的施工机械设备；⑤安全性：选用的施工机械的各种安全防护装置要齐全、灵敏可靠。此外，在保证施工人员、设备安全的同时，应注意保护自然环境及已有的建筑设施，不致因所采用的施工机械设备及其作业而受到破坏。

3）施工机械需用量的计算。施工机械需用量根据工程量、计划期内的台班数量、机械的生产率和利用率按公式计算确定。

$$N = P/(WQK_1K_2)$$

式中 N——需用机械数量；

P——计划期内的工作量；

W——计划期内的台班数量；

Q——机械每台班生产率（即单位时间内机械完成的工作量）；

K_1——工作条件影响系数（因受现场条件限制而引起的）；

K_2——机械生产时间利用系数（考虑施工组织设计和生产实际损失等因素对机械生产效率的影响系数）。

4）吊运设备的选型。装配式混凝土结构一般情况下采用的预制构件体型重大，人工很难对其加以吊运安装作业，通常情况下我们需要采用大型机械吊运设备完成构件的吊运安装工作。吊运设备分为移动式汽车起重机和塔式起重机。在实际施工过程中应合理地使用两种吊装设备，使其优缺点互补，以便于更好地完成各类构件的装卸运输吊运安装工作，取得最佳的经济效益。

（2）机械设备使用管理。在工程项目施工过程中，要合理使用机械设备，严格遵守项目的机械设备施工管理规定。“三定”制度：主要施工机械在使用中实行定人、定机、定岗位责任的制度。

1）交接班制度：在采用多班制作业、多人操作机械时，应执行交接班制度。应包含交接工作完成情况、机械设备运转情况、备用料具、机械运行记录等内容。

2）安全交底制度：严格实行安全交底制度，使操作人员对施工要求、场地环境、气候等安全生产要素有详细的了解，确保机械使用的安全。

3）技术培训制度：通过进场培训和定期的过程培训，使操作人员做到“四懂三会”，即懂机械原理、懂机械构造、懂机械性能、懂机械用途，会操作、会维修、会排除故障。

4）持证制度：施工机械操作人员必须经过技术考核合格并取得操作证后，方可独立操作该机械，严禁无证操作。

（3）机械设备的进厂检验。施工项目总承包企业的项目经理部，对进入施工现场的所有机械设备的安装、调试、验收、使用、管理、拆除退场等负有全面管理的责任。因此项目经理部无论是企业自有或者租赁的设备，还是分包单位自有或者租赁的设备，都要进行监督检查。

196. 装配式混凝土结构施工中应如何做到绿色施工？

绿色施工是指在工程建设过程中，在保证质量、安全等基本要求的前提下，通过科学的管理和技术手段，最大限度地节约资源与减少对环境负面影响的施工活动，实现节能、节地、节水、节材和环境保护。

（1）减少场地干扰、尊重基地环境。工程施工过程会严重扰乱场地环境。场地平整、土方开挖、施工降水、永久及临时设施建造、场地废物处理等均会对场地上现存的动植物资源、地形地貌、地下水位等造成影响，还会对场地内现存的文物、地方特色资源等带来破坏，影响当地文脉的继承和发扬。因此，施工中减少场地干扰、尊重基地环境对于保护生态环境，维持地方文脉具有重要的意义。建设单位、设计单位和施工单位应当识别场地内现有的自然、文化和构筑物特征，并通过合理的设计、施工和管理工作将这些特征保存下来。可持续的场地设计对于减少这种干扰具有重要的作用。就工程施工而言，施工单位应结合建设单位、设计单位对施工单位使用场地的要求，制订满足这些要求的、能尽量减少场地干扰的场地使用计划。计划中应明确以下内容。

1）场地内哪些区域将被保护、哪些植物将被保护，并明确保护的方法。

2）怎样在满足施工、设计和经济方面要求的前提下，尽量减少清理和扰动的区域面积，尽量减少临时设施、减少施工用管线。

3）场地内哪些区域将被用作仓储和临时设施建设，如何合理安排承包商、分包商及各工种对施工场地的使用，减少材料和设备的搬动。

4）各工种为了运送、安装和其他目的对场地通道的要求。

5）废物将如何处理和消除，如有废物回填或填埋，应分析其对场地生态、环境的影响。

6）怎样将场地与公众隔离。

（2）结合气候施工。施工单位在选择施工方法、施工机械，安排施工顺序，布置施工场地时应结合气候特征。这可以减少因为气候原因而带来施工措施的增加，资源和能源用量的增加，有效地降低施工成本；可以减少因为额外措施对施工现场及环境的干扰；有利于施工现场环境质量品质的改善和工程质量的提高。施工单位要能做到结合气候施工，首先要了解现场所在地区的气象资料及特征，主要包括：降雨、降雪资料，如：全年降雨量、降雪量、雨季起止日期、一日最大降雨量等；气温资料，如年平均气温、最高最低气温及持续时间等；风的资料，如风速、风向和风的频率等。结合气候施工的主要体现有以下几个方面。

1）承包商应尽可能合理地安排施工顺序，使会受到不利气候影响的施工工序能够在不利气候来临时完成。如在雨季来临之前，完成土方工程、基础工程的施工，以减少地下水位上升对施工的影响，减少其他需要增加的额外雨期施工保证措施。

2）安排好全场性排水、防洪，减少对现场及周边环境的影响。

3）施工场地布置应结合气候，符合劳动保护、安全、防火的要求。产生有害气体和污染环境的加工场（如沥青熬制、石灰熟化）及易燃的设施（如木工棚、易燃物品仓库）应布置在下风向，且不危害当地居民；起重设施的布置应考虑风、雷电的影响。

4）在冬期、雨期、风期、夏期施工中，应针对工程特点，尤其是对混凝土工程、土方工程、深基础工程、水下工程和高空作业等，选择合适的季节性施工方法或有效措施。

（3）节约资源（能源）。建设项目通常要使用大量的材料、能源和水资源。减少资源的消耗，节约能源，提高效益，保护水资源是可持续发展的基本观点。施工中资源（能源）的节约主要有以下几方面内容。

1）水资源的节约利用。通过监测水资源的使用，安装小流量的设备和器具，在可能的场所重新利用雨水或施工废水等措施来减少施工期间的用水量，降低用水费用。

2）节约电能。通过监测利用率，安装节能灯具和设备、利用声光传感器控制照明灯具，采用节电型施工机械，合理安排施工时间等减少用电量，节约电能。

3）减少材料的损耗。通过更仔细地采购，合理的现场保管，减少材料的搬运次数，减少包装，完善操作工艺，增加摊销材料的周转次数等降低材料在使用中的消耗，提高材料的使用效率。

4）可回收资源的利用。可回收资源的利用是节约资源的主要手段，也是当前应加强的方向。主要体现在两个方面：一是使用可再生的或含有可再生成分的产品和材料，这有助于将可回收部分从废弃物中分离出来，同时减少了原始材料的使用，即减少了自然资源的消耗；二是加大资源和材料的回收利用、循环利用，如在施工现场建立废物回收系统，再回收或重复利用拆除时得到的材料，这可减少施工中材料的消耗量或通过销售来增加企业的收入，也可降低企业运输或填埋垃圾的费用。

5）节约土地。合理布置施工场地，减少加工场地和预制构件堆放场地是节约土地的措施。

（4）减少环境污染，提高环境品质。工程施工中产生的大量扬尘、噪声、有毒有害气体、建筑垃圾以及水污染和光污染等会对环境品质造成严重的影响，也将有损于现场工作人员、使用者以及公众的健康。因此，减少环境污染，提高环境品质也是绿色施工的基本原则。提高与施工有关的室内外空气品质是该原则的最主要内容。施工过程中，扰动建筑材料和系统所产生的扬尘，从材料、产品、施工设备或施工过程中散发出来的挥发性有机化合物或微粒均会引起室内外空气品质问题。这些挥发性有机化合物或微粒会对健康构成潜在的威胁和损害，需要特殊的安全防护。这些威胁和损伤有些是长期的，甚至是致命的。而且在建造过程中，这些空气污染物也可能会渗入邻近的建筑物，并在施工结束后继续留在建筑物内。这种影响尤其对那些需要在房屋使用者在场的情况下进行施工的改建项目更需引起重视。常用的提高施工场地空气品质的绿色施工技术措施有以下几点。

1）制订有关室内外空气品质的施工管理计划。

2）使用低挥发性的材料或产品。

3）安装局部临时排风或局部净化和过滤设备。

4）进行必要的绿化，经常洒水清扫，防止建筑垃圾堆积在建筑物内，贮存好可能造成污染的材料。

5）采用更安全、健康的建筑机械或生产方式，如用商品混凝土代替现场混凝土搅拌，可大幅度地消除粉尘污染。

6）合理安排施工顺序，尽量减少一些建筑材料，如地毯、顶棚饰面等对污染物的吸收。

7）对于施工时仍在使用的建筑物而言，应将有毒的工作安排在非工作时间进行，并与通风措施相结合，在进行有毒作业时以及工作完成以后，用室外新鲜空气对现场通风。

8）对于施工时仍在使用的建筑物而言，将施工区域保持负压或升高使用区域的气压会有助于防止空气污染物污染使用区域。

9）对于噪声的控制也是防止环境污染，提高环境品质的一个方面。绿色施工也强调对施工噪声的控制，以防止施工扰民。合理安排施工时间，实施封闭式施工，采用现代化的隔离防护设备，采用低噪声、低振动的建筑机械如无声振捣设备等是控制施工噪声的有效手段。

（5）实施科学管理、保证施工质量。

1）实施绿色施工，必须要实施科学管理，提高企业管理水平，使企业从被动地适应转为主动的响应，使企业实施绿色施工制度化、规范化。这将充分发挥绿色施工对促进可持续发展的作用，增加绿色施工的经济性效果，增加承包商采用绿色施工的积极性。企业通过 ISO14001 认证是提高企业管理水平，实施科学管理的有效途径。

2）实施绿色施工，应尽可能减少场地干扰，提高资源和材料利用效率，增加材料的回收利用等，但采用这些手段的前提是要确保工程质量。好的工程质量，可延长项目寿命，降低项目日常运行费用，利于使用者的健康和安全，促进社会经济发展，本身就是可持续发展的体现。

197. 装配式混凝土结构在施工过程中如何做到安全文明施工？

（1）在临时设施建设方面，现场搭建活动房屋之前，应按规划部门的要求办理相关手续。建设单位和施工单位应选用高效保温隔热、可拆卸循环使用的材料搭建施工现场临时设施，并取得产品合格证后方可投入使用。工程竣工后一个月内，选择有合法资质的拆除公司将临时设施拆除。

（2）在限制施工降水方面，建设单位或者施工单位应当采取相应方法，隔断地下水进入施工区域。因地下结构、地层及地下水、施工条件和技术等原因，使得采用基坑封闭降水很难实施或者虽能实施，但增加的工程投资明显不合理的，施工降水方案经过专家评审并通过后，可以采用压力回灌技术等方法。

（3）在控制施工扬尘方面，工程土方开挖前施工单位应按要求，做好洗车池和冲洗设施、建筑垃圾和生活垃圾分类密闭存放装置、砂土覆盖、工地路面硬化和生活区绿化美化等工作。

（4）在渣土绿色运输方面，施工单位应按照要求，选用已办理“散装货物运输车辆准运证”的车辆，持“渣土运输许可证”从事渣土运输作业。

（5）在降低声、光污染方面，建设单位、施工单位在签订合同时，注意施工工期安排及已签合同施工延长工期的调整，应尽量避免夜间施工。因特殊原因确需夜间施工的，必须到工程所在地区相关部门办理夜间施工许可证，施工时要采取封闭措施降低施工噪声并尽可能减少强光对居民生活的干扰。

198. 装配式混凝土结构实行信息化管理的一般规定有哪些？

（1）装配式混凝土结构建筑的建造全过程宜选用适宜的建筑信息模型（BIM）技术的设计软件，建立具有标准化的户型、产品、构件等信息库。

（2）装配式混凝土结构建筑在建造过程中应建立系统管理信息平台，并对工程建设全过程实施动态、量化、科学、系统的管理和控制。

（3）装配式混凝土结构建筑从设计阶段开始应建立建筑信息模型，并随项目设计、构件生产及施工建造等环节实施信息共享、有效传递和协同工作。

（4）装配式混凝土结构建筑的参与各方均应具有建筑信息化管理人员，并进行信息系统的管理与维护。

（5）装配式混凝土结构建筑应将信息管理、信息输入、信息导出的应用方式做出具体规划。

1）应将 BIM 模型资源的信息进行分类及编码管理。

2）应确定各阶段 BIM 模型的几何信息与非几何信息的录入深度及标准，信息应按照统一标准输入 BIM 模型，根据各阶段模型深度需求录入信息，对信息进行分类梳理依次输入。

3）应统一文件命名原则及文件格式要求，确定统一的信息传递规则。

（6）应搭建 BIM 协同平台，除了协调各专业协同工作以外应保证设计、生产、施工和装修等在平台上协同工作。

199. 工厂生产信息化管理有什么要求？

（1）建立构件生产管理系统，建立构件生产信息数据库，用于记录构件生产关键信息，追溯、管理构件的生产质量、生产进度。

（2）预制构件设置并预埋了身份识别标识，记录构件相关信息，对预制生产构件进行信息化管理。

（3）用于工厂生产的 BIM 模型的几何信息和非几何信息应完整有序，与实际目标预制构件相符，满足预制构件生产信息提取要求。

（4）BIM 构件加工图交付物宜直接使用 BIM 模型，不宜进行三维到二维的转换，避免信息丢失和不可追溯。

200. 施工管理信息化有什么要求？

（1）建立构件施工管理系统。将设计阶段信息模型与时间、成本信息关联整合，进行管理。结合构件中的身份识别标识，记录构件吊装、施工关键信息，追溯、管理构件施工质量、施工进度等，实现施工过程精细化管理。

（2）实现现场施工模拟，精确表达施工现场空间的冲突指标，优化施工场地布置和工序，合理确定施工组织方案。

（3）运用信息管理系统进行项目算量分析，包括材料用量分析、人工用量分析、工程量分析等，实现建造成本精确控制。

（4）项目宜运用 BIM 结合自动控制的信息化技术实现预制构件生产的自动化。

（5）项目应根据施工进度，在 BIM 模型中调整、完善项目的各预制构件名称、安装位置、进场日期、厂家、合格情况、安装日期、安装人、安装顺序及安装过程等相关施工信息。

参 考 文 献

[1] 中华人民共和国住房和城乡建设部 . GB 50010—2010《混凝土结构设计规范》[S]. 北京：中国建筑工业出版社，2010.

[2] 中华人民共和国住房和城乡建设部 . GB 50204—2015《混凝土结构工程施工质量验收规范》[S]. 北京：中国建筑工业出版社，2015.

[3] 中华人民共和国住房和城乡建设部 . GB 50666—2011《混凝土结构工程施工规范》[S]. 北京：中国建筑工业出版社，2012.

[4] 中华人民共和国住房和城乡建设部 . JGJ 1—2014《装配式混凝土结构技术规程》[S]. 北京：中国标准出版社，2014.

[5] 中华人民共和国住房和城乡建设部 . JGJ 224—2010《预制预应力混凝土装配整体式框架结构技术规程》[S]. 北京：中国建筑工业出版社，2011.

[6] 中华人民共和国住房和城乡建设部 . JGJ 355—2015《钢筋套筒灌浆连接应用技术规程》[S]. 北京：中国建筑工业出版社，2015.

[7] 中华人民共和国住房和城乡建设部 . GB 50011—2010《建筑抗震设计规范》[S]. 北京：中国建筑工业出版社，2010.

[8] 中华人民共和国住房和城乡建设部 . GB 50210—2001《建筑装饰装修工程质量验收规范》[S]. 北京：中国建筑工业出版社，2010.

[9] 王茜，毛晓峰 . 浅谈装配式建筑的发展 [J]. 建筑与工程，2012 (21)：354-355.

[10] 齐宝库，张阳 . 装配式建筑发展瓶颈与对策研究 [J]. 建筑经济与管理，2015 (02)：156-159.